当代科学技术论中的『本体论』研究

南大STS学术前沿文丛 蔡仲 刘鹏／主编

蔡仲 等著

中国社会科学出版社

图书在版编目(CIP)数据

当代科学技术论中的“本体论”研究／蔡仲等著．—北京：
中国社会科学出版社，2020. 10
（南大 STS 学术前沿文丛）
ISBN 978－7－5203－7060－8

Ⅰ．①当…　Ⅱ．①蔡…　Ⅲ．①科学实践—研究　Ⅳ．①N3

中国版本图书馆 CIP 数据核字（2020）第 158264 号

出 版 人　赵剑英
责任编辑　刘　芳
责任校对　赵雪姣
责任印制　李寡寡

出　　版　中国社会科学出版社
社　　址　北京鼓楼西大街甲 158 号
邮　　编　100720
网　　址　http://www.csspw.cn
发 行 部　010－84083685
门 市 部　010－84029450
经　　销　新华书店及其他书店

印　　刷　北京君升印刷有限公司
装　　订　廊坊市广阳区广增装订厂
版　　次　2020 年 10 月第 1 版
印　　次　2020 年 10 月第 1 次印刷

开　　本　710×1000　1/16
印　　张　16
插　　页　2
字　　数　240 千字
定　　价　89.00 元

凡购买中国社会科学出版社图书，如有质量问题请与本社营销中心联系调换
电话：010－84083683

前　言

本书主要是以拉图尔的“本体论对称性原则”为主线，对20世纪90年代以来的“科学技术论”（Science and Technology Studies，简称STS）中“实践转向”的各流派之间的理论关系进行逻辑重构。在此基础上，尝试展现出一种“生成论”意义上STS的实践哲学。

自20世纪20年代逻辑实证论提出“拒斥形而上学”的口号以来，自然及其历史性始终未能进入科学哲学家的视野，自然不具有自己的独特生命，更没有自己生成、演化与消亡的历史。科学哲学家把科学变成了没有历史感的木乃伊（Ian Hacking语）。科学实在论持有自然之镜的本体论，认为客体静态地躺在自然之中，无时间性与生命力，等待着人们利用科学方法去发现。库恩（或后实证主义）成功地历史化了我们对自然科学的理解，但库恩把客体视为对自然的范式化的结果，科学成为范式的木乃伊。随后出现了科学知识社会学，走向另一极端，把自然从作为理论的试金石变为社会建构者的玩物。

正是因为科学实在论与社会建构论的这种两极困境，20世纪90年代后，“本体论”的问题又重新进入了人们的视野。“返回唯物论”，这是拉图尔提出的STS中“实践转向”纲领性口号，其中的“物”是指科学实践得以展现的“自然、仪器与社会之间机遇性相聚集的本体舞台”。拉图尔认为，实践活动不会在人类因素与非人类因素之间进行严格的区分。因此，我们要在人类与非人类之间保持对称性态度，以追踪科学家的实验活动。这就是ANT理论中的“本体论对称性原则”。拉图尔之所以提出这一原则，主要原因在于传统哲学对科学的解读，是基于抽象的模式，而不是科学赖以生成与演化的实践或生活世界，这种解读产生出一种错误的“科学或数学”形象

（怀特海语），出现了文化意义上的“欧洲科学危机”（胡塞尔语）。解决这种错误的正确途径就是要恢复被主流科学哲学颠倒了的科学实践、作品与哲学重构之间的关系，从“实践”的角度去重审科学哲学的合理性问题。这就是当下科学哲学的“实践转向”的起因。基于这一原则，拉图尔提出了自然—社会混合本体论，以消解拉卡托斯的“方法论不对称性”与布鲁尔的“方法论的对称性”所带来表象主义的两难困境。拉图尔把这一原则与人类学的微观分析和实践分析结合起来，并且将符号学之模态分析的方法纳入进来，形成了其独具特色的实验室研究进路，这种研究进路的核心点就是追踪科学（事实）之微观（实验室或田野）的建构。

拉图尔的“本体论对称性原则”构成了STS本体论转向的基本出发点，后继对其的批判性发展又导致皮克林强调实践操作的情境性实用主义实在论（尽管并不彻底）、林奇突出科学实践“索引性”的常人方法论、哈金强调思维风格的历史本体论、海尔斯强调具身性的后人类主义、哈拉维的赛博技科学观、布尔迪厄的科学场域理论。这些理论的目标都是让主流科学哲学的抽象思辨回归到科学家实践的生活世界。

“实践转向”会给人带来一种具有历史感或时间进程的世界观。

本体论对称性原则绘制出广阔的人类—非人类的网络，在其中科学实践得以形成和定位，科学哲学得以返回科学实践。其创新意义在于以下几个方面。

（1）当本体论对称性原则把研究视角转向科学实践时，科学哲学就应跳出传统的分析哲学框架，走向科学实践，走向科学“得以起源的生活世界”。它强调不要一开始就在抽象的思辨层次上去思考科学的哲学问题，而是要进入“实践唯物论”的路径。即在科学得以发生的真实时空——实验室活动、田野研究或科学史上的研究语境，关注实践舞台上人类力量与物质力量之间的相互共舞。

（2）从认识的表象论走向了本体（对象）的生成论：在这种相互共舞中，关注科学事实是如何涌现、生成或内爆出来。也就是说，事实之所以是“科学”的，是因为它是在实践的辩证过程中生成的，并在历史或时间进程中演化着。与此相应，科学的合理性不是对先验存在对象之表象性反映，而是在历史与时间进程中生成的东西。

（3）当本体论对称性原则说人与物相互共舞时，并不是简单说某人和某物都参与了某一活动，而是指在这种参与过程中，各种因素共同构成了一个相互界定的过程，并且在这种相互界定中，彼此的内涵都发生了变化。也就是说，我们在改变世界的同时，世界也以同样的方式重塑着我们，这是一个双向的建构。主体与客体的界限、物质与符号的界限、意义与对象的界限等，所有这一切都只有在关系之中才能呈现出来，用梅洛-庞蒂的话说，这是一种“自我—他人—物”的体系的重构，一种经验得以在科学“现象场”中的重构。

（4）这些重构的结果会使社会秩序产生对称性变化。这样，科学的认识活动会产生真实的社会效果与伦理责任。因此，科学哲学不能把科学仅限制在认识论之框架内，它还应该对认识主体自身的预设、权力、影响等方面进行反思。这种双向建构决定了科学的认识论、本体论与伦理学相结合的可能性。作为实践与文化的科学，它在认识论与方法论上总是与特定的权力交织在一起。因此，作为干预性实践活动的科学，要对自然界的存在负责，要对与认知主体相关的他者负责，要对其社会结果负责。

（5）本体论对称性原则带给我们的历史启示是，人类与物质世界都不可能独立承担厚重的历史。人类与物质世界在特定历史中的情境性共舞造就了我们的历史与现状。这种相聚过程勾画出了自然界凸显的力量，建构出我们应对这些力量的科学与技术知识，同时也重塑了我们的社会。科学就是我们的科学，通过时间、空间、物质，使科学与人类历史轨迹相协调。

（6）从世界观的角度来看，这里所说的生成、存在与演化，不是指纯粹的自然界或纯粹的人类，而是指人与物、社会与自然相互缠绕的共同生成、共同存在与共同演化。这就是本体论对称性原则给我们带来的哲学启示—— 一种生成论意义上的世界观。

目　　录

第一篇　STS 中的本体论“转向”

第二篇　STS 本体论转向的理论语境

第三篇 以本体论对称性原则为基础的逻辑重构

第一篇

STS 中的本体论“转向”

第一章　让历史重返自然：当代 STS 的本体论研究

在科学哲学的长期发展中，自然的历史性始终未能进入哲学家的视野，它不具有自己的独特生命，更没有自己的生成、演化与消亡的历史，同时哲学家把科学变成了没有历史感的木乃伊（Ian Hacking 语），这源于 20 世纪 20—30 年代兴起的逻辑经验主义的“拒斥形而上学”的运动。逻辑经验主义持有自然之镜的实在论，认为客体静态地躺在自然之中，无时间性与生命力，等待着人们利用科学方法去发现；库恩（或后实证主义）成功地历史化了我们对自然科学的理解，但库恩把客体视为范式化自然的结果，科学成为范式的木乃伊；随后出现了科学知识社会学，把客体从作为理论的试金石变为社会建构者的玩物。20 世纪 90 年代后，形而上学的本体论的问题又重新进入了人们的视野。范·赫尔、Bas van Heur 等人统计了 1989—2008 年科学哲学与科学史（HPS）的相关杂志，如 *Philosophy of Science*、*Studies in History and Philosophy of Science*、*Isis* 等，发现共发表过 131 篇有关本体论的文章，从 1989 年的 1 篇到 2004 年的 15 篇，2008 的 14 篇，总体上有一个不断上升的趋势。[①] 因此，2008 年在荷兰鹿特丹召开的 4S 年会上，沃尔伽（Woolgar）等人就提出，当代 STS（Science and Technology Studies）中存在一个“本体论转向”。与传统本体论研究不同，它不属于纯哲学的思辨，而是基于经验案例的跨学科思考，这

---

① 详见 Bas van Heur（et al.）（eds.），“Turning to ontology in STS? Turning to STS through ‘ontology’”，*Social Studies of Science*，2013，43（3），pp. 341 – 362，http：//www.leydesdorff. net/ontology/ontology. pdf。

种思考使自然的历史性又以一种全新的面貌重现。

第一节　科学：从“理论”走向“实践”

20 世纪 90 年代，社会建构主义内部出现了分野，拉图尔、皮克林等人对社会建构发起了激烈的批判。首当其冲的就是其方法论基础——对称性原则。布鲁尔在《知识和社会意象》中提出了四条原则，其中第三条是对称性原则：“就它的说明风格而言，它应当具有对称性。比如说，同一些原因应当可以说明真实的信念，也可以说明虚假的信念。”第二条原则是公正性原则，即“它应当对真理与谬误、合理或不合理性、成功或失败，保持客观公正的态度，这些二分的两个方面都需要加以说明。”公正性原则是说要公平地对待双方，对称性原则想表明“虚假”“非理性”等“病态”的社会因素，同样也应被用于分析“真理”“理性”等“健康”的原因。这两条原则的目的是把真理与虚假、理性与非理性之争还原为社会因素，从社会学的角度消解理性与非理性、真理与错误的界线。正如布鲁尔本人所说：“社会是被用来解释自然的。”①

这一对称性原则导致了社会建构内部爆发了“认识论的鸡”② 之争和“反拉图尔”之争。拉图尔等人提出的广义（本体论）对称性，目的是对称性处理自然与社会，因而他们站在两者的中间，仿佛以胜利者自居，而布鲁尔、柯林斯和耶尔莱像胆小的鸡一样，冲过了马路，跑到了社会的一边，仿佛是以失败告终。拉图尔等人认为，布鲁尔的对称性原则并没有真正地坚持对称性，因为它实际上是将解释的权力赋予了社会，从而造成了自然的“失语”，因而，这是一种“认识论的不公正性”③。为此，拉图尔在《行动中的科学》一书中将对称性原则推进到了本体论的领域，即“在对人类与非人类资源的征募与控制上，应当对称性地分配我们的工作”。他的行动者网络理论认

---

① ［英］大卫·布鲁尔：《反拉图尔论》，张敦敏译，《世界哲学》2008 年第 3 期。

② Andrew Pickering (ed.), *Science as Practice and Culture*, The University of Chicago Press, 1992, pp. 301 - 389.

③ Bruno Latour, *We Have Never Been Modern*, Harvard University Press, 1993, p. 5.

为，在科学研究与科学争论的过程中，一直都有自然因素的参与，并且它们是以能动者的姿态介入了与人类行动者的相互作用之中。“我们应该把科学（包括技术和社会）看作是一个人类的力量和非人类的力量（物质的）共同作用的领域。在网络中人类的力量与非人类的力量相互交织并在网络中共同进化。”[①] 这样，科学便成为一个实践概念和时间概念。

在上述论战中，布鲁尔等人主张一种基础主义的社会实在论，拉图尔等人则关注科学活动中各种异性要素相互作用的实践场所。在认识论上，前者因循表征主义传统，主张科学的表征本质，后者则采取操作主义策略，关注科学的实践特质；在方法论上，前者采取规范主义进路，试图寻找科学知识背后的社会根基，而后者则采取描述主义进路，关注科学活动的情境性与索引性，视角从行动者心灵或利益转变到对客体的操作过程，这种转变的结果使我们走向实践，走向物的历史。这样，拉图尔等人摆脱了理论优位，进入了实践优位。拉图尔本体论对称性原则第一次把非人类的物质因素纳入行动者网络的考虑范围，物和人类是由它们之间的关系进行定义，没有纯粹的客体或主体。行动者网络的世界是由准客体、准主体和杂合体占据，传统上泾渭分明的二元论解释在此瓦解。这种转变使他们开始关注科学实践中的物质文化，如自然现象、客体、科学仪器、实验材料与铭写装置等，这些是不可能还原为认知规则或社会关系。这种物质文化的场所正是主客体的交会点，也是科学实践得以发生的真实时空，实验室生活因而就成为当代STS本体论研究的起源。第一代的实验室生活研究，如拉图尔和沃尔伽的《实验室生活：科学事实的建构》、诺尔·塞蒂纳《制造知识》、柯林斯《改变秩序》，表明了没有什么凌驾于科学之上先验的、普遍的认识论规则，而第二代实验室研究，如莱恩柏格（Rheinberger）的《走向认识论事物的历史》、诺尔-塞蒂纳的《认知文化》和伽里森《图像与逻辑：关于粒子物理学的物质文化》则表明了也不存在什么外在于科学实践，并能够决定科学的社会力量。

---

① ［美］安德鲁·皮克林：《实践的冲撞》，邢冬梅译，南京大学出版社2004年版。

第二节　客体的生成

传统的哲学本体论从思辨的层面上研究的是那些早已存在的并且是无孔不入的客体组成的永恒世界，而当代 STS 的本体论没有对客体的存在与消失做出理念论的解释，而是基于实验室的研究，考察科学对象是如何进入或消失在研究领域之中；研究在这一进入或消失过程中，科学仪器等物质因素所起的作用。

就客体的生成方式而言，当代 STS 的本体论研究主要体现在以下几方面：（1）自然显现：无可否认，原子与基本粒子等的存在比太阳系还要长，但它们只是在 20 世纪初才成为科学研究的对象。一旦它们进入科学领域，科学就会以一种新的意义去改变它们，如先前分散在不同时空中的这些现象被归入一个相容的科学范畴；分类与排除的标准逐渐清晰；新形式的表征稳定化了规则；精确的研究会使这些易消散的现象更为常见与丰富。在一篇论实验高能物理学的本体论文章中，诺尔·塞蒂纳阐述了上述科学实践中的建构与本体论的关系。她并不否认独立于观察者的世界的存在，同时强调对象预先存在于实践之前，但通过实践，它们被重新塑造了，才真正进入了科学领域。她说：“本体论途径导致了对实践中的现象进行了重组—通过这些过程，实体与其关系被不断地重新定义与确定，其秩序形式不同于实践前的秩序。”① 她用“有机体”生物学隐喻来分析高能物理学实验。（2）物质实践中的建构：客体主要是以建构的形式出现。莱恩柏格强调实验系统如何把客体植入一种较为广泛的物质科学文化与实践领域之中，它包括仪器与铭写装置的领域。这些研究强调的是场所的特殊性、突现性与关系的流动性。伽里森在《图像与逻辑》一书中首次扩展了哈金的“实验有自己的生命”口号，并进一步提出了“实验仪器有自己独特的生命”的观点。伽里森通过批判逻辑实证主义和

---

① Karin Knorr-Cetina, “How Superorganisms Change?” *Social Studies of Science*, Vol. 25, No. 1, 1995, pp. 119 – 147.

后实证主义科学哲学的科学观，展开了对粒子物理学文化中仪器、理论和实验三种亚文化互嵌模式的研究。正是在这种互嵌模式中，客体得以生成、演化与消亡。① 道斯顿研究了“科学观察的本体论”，即专家的观察如何为一个研究共同体识别与稳定了客体。她特别关注于在特殊学科中的观察仪器、意会技能与积累的经验。对认知文化的关注使她的工作有别于传统哲学的讨论，因为传统的哲学本体论很少关注科学实践的仪器维度，只进行概念与理论变化的文本讨论。② 类似地，布克研究了数据库管理与生物的多样性，表明了特定学科在“数据库中塑造了对象的空间、时间与本体论”，这种塑造具有偏爱性与选择性，它们压制了更多的“其他本体论的异质性的数据”③。（3）认知实践中的建构：近些年来有几位哲学家，如普特南、古德曼，提倡本体论相对性，其中最具代表性的人物是哈金。哈金提出的历史本体论④，关注客体的生成及其随后的应用是如何与科学家的命名实践联系在一起的，对命名系统的起源与变迁给予了一种历史的说明。这种本体论被哈金称为辩证实在论（dialectical realist）。哈金认为霍尔现象在 1879 年前的宇宙中并不存在，或至少说不会以纯粹的形态而存在，霍尔在实验室中用概念纯化了一种自然现象，使对象进入存在，霍尔效应是世界中的新生事物，它是在人类的历史中生成的。几乎所有的物理学对象，如康普顿效应，光电效应并不是先前存在的现象，至少不是以一种纯粹的形态在自然中存在，而是在特殊年代生成的，因而哈金认为物理现象并不是库恩所主张的重新范式化，而是人类的创新性历史所带来的。近年来他把这种创新性扩展为人类在其历史中所凝聚成的思维风格（Styles of Thinking）。⑤

---

① Peter Galison, *Image and Logic: A Material Culture of Microphysics*, The University of Chicago Press, 1997.

② Lorraine Daston, “On Scientific Observation”, *Isis*, Vol. 99, No. 1, 2008, p. 98.

③ Geoffrey C. Bowker, “Biodiversity Datadiversity”, *Social Studies of Science*, Vol. 30, No. 5, 2000, pp. 676 – 677.

④ Ian Hacking, *Historical Ontology*, Harvard University Press, 2002.

⑤ Ian Hacking, *Scientific Reason*, Taiwan University Press, 2009.

第三节　自然的历史过程

一　客体的历史性

“巴斯德发明细菌之前，细菌存在吗?”，这句话意味着两种不同的解答，取决于它被置于何种框架之内。

在主客二分的框架中，逻辑经验主义者认为细菌一直静态存在于“自然”之中，是巴斯德凭借其敏锐的认知能力“发现了”它，而社会建构论者认为“细菌”无非是巴斯德为确立其生物学权威而建构的“证据”。主客的二分表明主动性与被动性被严格地区分。如果说巴斯德创造了微生物，即是称发明了它，那么微生物就是被动的，如果说微生物“引导着巴斯德的思考”，那么巴斯德就是被动的观察者。在真理对应论中，细菌要么永恒存在，要么从来没有出现过。其次，如果仅有主客两主角，人们就不能合理地理解科学史。巴斯德理论具有自己的历史，它出现在 1858 年，但细菌没有这样的历史，因为它要么永远存在，要么从来就不存在。在这种框架中，科学史家会告诉我们普歇尔及其追随者为何会相信错误的自然发生说，巴斯德如何在进行多年的探索后发现了正确答案。他们提供的是主体的，而非客体的历史。传统的科学史与科学哲学把历史的真实性给予了主体，剥夺了客体的历史真实性。这就是一个没有历史的客体和有历史的理论之间的矛盾。“历史不过是人类进入非历史的自然的一条通道……避免相对主义的唯一途径就是在历史中收集那些已经被证明为事实的实体并把它们置于一个非历史的自然当中。”①

如何消除没有历史的客体和有历史的理论之间的矛盾?为此，拉图尔提出了本体论对称性原则，目的是消除主客的绝对分离，赋予微生物这种客体以历史的真实性。“在巴斯德之前，细菌存在吗?从实践的观点来看——我说从实践上看，并不是从理论上看——它不存在。”② 在

---

① Bruno Latour, *Pandora's Hope: Essays on the Reality of Science Studies*, Harvard University Press, 1999, p. 157.

② Bruno Latour, *The Pasteurization of France*, Harvard University Press, 1988, p. 80.

1865 年之前，细菌无疑在其他地方也经历了其生命，但在巴斯德的实验室里，它却是一种以独特的、场所化的机遇方式而造就的新突现。客体并非隔离于历史，而是科学家在实验中将自然—仪器—社会三者机遇性地集聚在一起，形成一个行动者网络，从而将其变成一个稳定的实体。为成功地从时空之中消除普歇尔的自然发生学说，巴斯德用自己实验室的研究去占据对手的每一领域。最后巴斯德的工作出现在细菌学、农业综合企业、医学实践之中，根除了自然发生说。这种根除同样需要重写教科书和科学史，以及设立从大学到巴斯德博物馆的许多机构。所有这些过程都是实践中的扩展。如果上述网络得以确立，那么细菌就增加了历史的真实性：事实的状态变成了事实，随后变成了必然，这就是客体的建构。如果我们说“历史的真实性”意味着细菌“随着时间生成并演变”，像所有生物物种的历史真实性一样，那么细菌的历史真实性牢固地扎根于自然之中。在时间的连续沉淀中，细菌在行动者网络的新显现——包括历史讲述、教科书的写作、设备的制造、技能的训练、职业忠诚与谱系的创立——中得到最终确立。在巴斯德之前，乳酸菌是什么？它仅仅是发酵过程的副产品。在巴斯德之后呢？它开始成为乳酸菌，开始具有了我们现在所谈论的乳酸菌的一切属性，开始获得了乳酸菌的权能。在此，“指称循环……将我们……从一种本体论地位带到另一种本体论地位。在此，……物偷偷地从几乎不存在的属性转变为了一种成熟的物质。”①因此，莱恩柏格指出，“时间在字面上意味着生成：科学实在意味着孕育着未来”②。

二　实在论

表征主义的科学观使实在论与建构主义之争陷入了“方法论的恐惧”，即这种表征主义保留着知识和世界之间的无时间演化的反映关系，永远关注单一的科学知识是否真实地反映并表征了对象的问题，

---

① Bruno Latour, *Pandora's Hope: Essays on the Reality of Science Studies*, Harvard University Press, 1999, p. 122.

② 转引自 Lorraine Daston (ed.), *Biographies of Scientific Objects*, The University of Chicago Press, 2000, p. 11。

使我们始终处在“科学是否真实地表征了自然的忧虑恐惧之中”①。这场论战之后，人们意识到这种认识论的“基础危机”（实在论与反实在论之争）源于一些不可能有答案的问题。② 20世纪90年代后，不少的学者把眼光从科学理论转向科学实践。作为实践的科学并不是在语言、理论或研究中去表征世界，相反，它研究科学家干预性地介入世界，与世界纠缠在一起，以达到一种实践上主客体之间的重构或话语上的接合。正如法因指出：“但如果科学是一种实践那么它的表演就需要观众与演员一起表演……对解释的指导同样也是表演的一部分，剧本从来不会一开始就被完成，过去的对话也不能确定未来的行动……随着表演的进行，表演场所性地选择了自己的解释。”③ 这种观众与演员的一起表演不仅改变了我们的所说与所做，而且也重构了世界。这是物质世界活生生的活动。科学实践并不需要我们超越世界以获取对自然或社会的表象。在这动态介入科学实践的过程中，主体与客体之间的距离被打破，科学、技术、物质材料、科学家等异质性要素相互缠绕在一起，自然物质对象（包括技术）变成了某种具有自身力量生成的东西，一切科学知识就是在这可见的动态介入过程中突现和开放式驻足点（open—endedness）。这就是“科学事实的实践建构”（the practical construction of scientific facts——拉图尔语），它首先是将科学去认识论化，进而将之本体论化。某物成为一个事实，并不是因为它本身即为某物，而是因为它是在实验室建构过程中生成的。因此，如果我们一旦开始谈论科学实践时，就会对建构中的科学提供一种更为实在论的解释，把它坚定地奠基于实验室的场所、实践与研究群体之中，科学事实就是这些异质性因素在实验室的冲撞过程中被建构出来的。这种科学观的意义在于：（1）历史性：事实本质上是一种实验室的瞬间偶然突现的产物，因而其便具有了内在的历史

① ［美］安德鲁·皮克林：《实践的冲撞》，邢冬梅译，南京大学出版社2004年版，第5页。

② Andrew Pickering (ed.), *Science as Practice and Culture*, The University of Chicago Press, 1992, p. 226.

③ Arthur Fine, *The Shaky Game: Einstein, Realism and the Quantum Theory*, University of Chicago Press, 1986, p. 148.

性。这样，实在论的问题首先不是谈论静态对象及其客观性，而是要谈论客体的历史，物的历史性："与其说是科学的苍白与冷漠的客观性，不如说是通过实践中的异质性要素的聚集，非人类物质获得了一种历史、灵活性、文化与实在性。"① （2）客观性：实在不再是一个更为基础的概念。传统观点认为，纷繁复杂的现象背后有一种更为根本性基础，我们或者将之称为自然。但是，科学实践视野中的实在是一个完全可见的概念，因为它是科学实践的结果，客观性因此就是实践过程中瞬间突现出来的产物的一种特征。这样，建构论和实在论就可以综合，"我们不需要彻夜不眠地躺在床上担心知识完全飘浮于其所反映的客体之上"②。（3）相对性：当人们称科学文化为一个聚集时，并没有假定这一聚集的所有因素被永恒不变地捆绑在一起，而是一种时间性、场所性与机遇性的聚集。作为一种内生性文化的动态发展，客体的本体地位因而也是不断变化的，因为如果对客体的指称是通过整个网络来确立，那么这网络中的每一个因素的变化都会导致对客体指称上的差异。如 19 世纪 80 年代后，巴斯德的细菌被酶所取代，细菌变成了可以通过化学合成来制造的制剂。不过它仍然是一种物质，一种新的物质聚集，它们属于新兴的生物化学。这样，客体演化相对性也存在于科学的客观性进程之中，客观性与相对性之间便不再剑拔弩张。

三　主体与客体

传统科学实在论者所坚持的实在仅仅是自然，而人的主体性因素则应被彻底消除，并且，这种主体性因素被消除得越干净，那么科学就越客观。社会建构则以明确的社会要素来终结科学争论。从科学实践的角度来看，科学事实来自主客体之间在物质世界中的相互建构。实在不再是一个不变的概念，它本身也开始处于不断变化之中，客体与主体都在彼此的建构中获得了新的属性，并改变了自己的本体论状

---

① Bruno Latour, *Pandora's Hope: Essays on the Reality of Science Studies*, Harvard University Press, 1999, p. 3.

② ［美］安德鲁·皮克林：《实践的冲撞》，邢冬梅译，南京大学出版社 2004 年版，第 218 页。

态，进而改变了自己的本体论地位。卢兹维克·弗莱克的杰作《科学事实的起源和发展》① 讨论了梅毒病的一种血液检测——瓦塞尔曼反应的确立。他表明了这项检测是一种人与物相互协调过程的历史发展。瓦塞尔曼反应是对人类血液进行操作的物质程序，在这里，化学的、生物的物质过程促成了对病人是否患有梅毒病的诊断。弗莱克表明，这种程序从反复实验的过程中突现出来，即通过探索物质操作的空间，“将反应物这会儿多加一点，或这会儿少加一点”，让反应时间长一些或短一些，等等，直到检测的成功率从 15%—20% 提升为 70%—90%。弗莱克强调，在这种物质协调的过程中，一种全新而特殊的科学共同体应运而生。这个共同体的成员具有进行“血清接触”的各种技能、能力和训练，即那些成功操作瓦塞尔曼反应所需要的特定技能、能力和训练。这些技能只有在反应的历史发展中才能突现，也只有在其成功操作中才能突现；这些能力成为相关专业的标志，会聚到血液测试所演奏的“准交响乐”中。作为一个物质程序，瓦塞尔曼反应是这个专业共同体的客体，而这些专业人员又是这个客体的主体，即每一方都发展并呈现出一个与对方有关的特定形象。皮克林引用②马克思的格言概括了这一过程：“生产不仅为主体生产对象，而且也为对象生产主体。”

四　自然与社会

拉图尔在《我们从未现代过》一书中指出现代性的突现是由一种奇特讲述方式的突现引发的，即对人与物进行纯化而分离的讲述，自然科学负责讲述物，人文科学则负责讲述人。当代 STS 的本体论研究消除了物与人、自然与社会之间这种截然分明的界限，而是深深地植根于一种达尔文主义式的文化中，自然、科学、技术与社会能够在此携手共进。

---

① Ludwik Fleck, *The Genesis of Scientific Fact*, The University of Chicago Press, 1979.

② Andrew Pickering, “Science as Alchemy”, J. Scott and D. Keates (eds.), *The Schools of Thought*, Princeton University Press, 2001, p. 194.

蒸汽机的形成和技术改进与工业革命的巨大社会变化（工厂、劳动分工、工业城镇和工业建筑、新的社会阶层和阶级斗争）联系在一起。如果不提及人类和蒸汽机出现的社会空间，那么就无法理解蒸汽机进化的具体轨迹。然而反过来，人类和社会空间是以一种本身由突现的蒸汽机力量所建构的方式进化着。因此，皮克林说："人类历史也是被机器的突现力量不时打断——人类和社会的具体运动与机器的具体运动和它们显示的操作性之间互动地稳定化。"① 这就是人—机器耦合的生成与进化的历史。

第二次世界大战后出现了"赛博"科学（Cyborgscience），Cyborg这个词由Cybernetic Organism（受控有机体）所构成。赛博既有计算机、芯片、航天飞机等物质基础，同时适逢国际政治形势变幻，又恰逢科幻文学广受欢迎的时机，因而是在科学、技术、政治、伦理、经济错综交杂的技科学中生成。这样一种由历史发展与物质真实性结合生下的产儿，必然带来本体论上的革新。赛博模糊了所有范畴乃至对立的两极界限，被视为突破各种界限的杂合体（hybrid），这也正是其哲学意义所在。皮克林认为赛博科学进入了人类与机器强化耦合的阶段，相应的赛博科学与赛博对象的不断出现，这构成了战后文化的一个关键特征，即一种人类与物的混合本体论。在这一进化过程中，自然界、机器的世界、人的世界、思想的世界又一次全都在新的相互关联中进化演变。就像炼金术一样，控制论的独特本体论滋养了人类所有学科研究方法，一方面有脑科学、人工智能、机器人学、信息理论、理论生物学；另一方面还有精神病学、管理学、政治学、艺术及精神方面的内容。这种去中心化和瞬时化的本体论带给我们一种大为不同的世界，如战后军事—工业复合体，就是这些突现聚合体中的一种。因此这里所谈论的存在和生成，不是关于纯粹的机器或纯粹的人类，而是关于赛博的存在和生成、人与物相互缠绕的进化过程。

---

① Andrew Pickering, "On Becoming", D. Idhe and E. Selinger (eds.), *Chasing Technoscience*, Indiana University Press, 2003, p. 100.

结束语

当代 STS 的本体论丰富了我们对自然的历史过程的理解，展现出一种新自然辩证法。客体之所以成为“科学”的，是因为它是在实践的辩证过程中生成的，也就是在不可逆的实践中真实地涌现的。与此相应，客观性与真理等一系列认识论范畴也不是对预先存在对象的表征性反映，而是在历史与时间进程中生成的东西。在物质世界的科学实践过程中，人与自然之间交互式的干预作用，不仅重塑了主体与客体，而且还促使了人与物、社会与自然的共同进化。

第二章　科学哲学为何要回到“唯物论”？

——从“数学与善”的关系来看

怀特海晚年有一篇著名文章《数学与善》。在这篇文章中，怀特海说古希腊的柏拉图曾做过一次有名的演讲，题目为“数学与善”。就这篇演讲的论题而言，是失败的，因为西方哲学家两千多年来一直在误读柏拉图的思想，把数学与善的联系割断了。

柏拉图意义上的“善”，是一个认识论的概念，是指对科学与数学的理解要达到“理念形态”。怀特海在这篇文章中所担心的主要问题是：如果数学模式的认识论问题没有得到正确的处理，脱离了其得以起源的实践世界，就会导致伦理学上的“恶”。具体表现为，使用数学模式“的一个危险就是片面地使用逻辑”①，如过度强调欧几里得式演绎或抽象技巧，就会导致近代科学中的“误置具体性的谬误”（fallacy of misplaced concreteness），即“把经验的丰富复杂性和动态过程还原为简单抽象，然后又把这种抽象误认为是具体的实在”。② 这是西方哲人长期误读柏拉图，导致科学哲学走向歧途的哲学根源。

---

① ［英］A. N. 怀特海：《数学与善》，载邓东皋、孙小礼等编《数学与文化》，北京大学出版 1990 年版，第 13 页。

② ［英］A. N. 怀特海：《过程与实在》，杨富斌译，中国城市出版社 2003 年版，第 10 页。

第一节　唯物论中的“物”

拉图尔在2003年与2007年分别发表两篇文章，呼吁科学哲学要返回唯物论（material materialism）。何为其中的“物”？

一　“物”不是指纯粹客体

按照哈拉维的看法，自然所表现出来的其实只是客体，而不是物。物是指客体背后所隐藏的更深层次的关系。如，基本粒子、基因等科学对象并不是物，物是指在它们的背后真实存在的，机遇的、物质的、符号的、修辞的、社会的、历史的、实验室的干预实践。哈拉维之所以把“物”界定为建构科学对象的干预实践，主要是为防止拜物教的思维。如“基因拜物教”就是基因得以成为纯粹客体的根源。在哈拉维看来，教科书中基因的表述就是基因拜物教的体现。基因拜物教的基本观点表现为：基因是一种自在之物，一种具有自我指涉的客体，没有修辞的成分，属于纯客体的领域，成为自我，与世界保持着距离。而事实上，生物技术公司通过教科书、广告和漫画极力宣传基因研究的价值与前景，不过是为了利用基因技术和产品持续地牟取巨额利润；科学家大力推动基因研究，推动世界范围内开展人类基因组计划，也不是没有经济与政治的考量。各国政府都对基因技术大力扶植，多数也是因为基因技术已成为衡量国家技术水平的时髦指标。

作为一种自我指涉的客体基因，像商品那样成为自身价值的来源，遮蔽了产生基因及其价值的人类内部以及人与非人之间的社会与技术的关系，其中涉及的体制、叙述、法律结构、不平等的人类劳动、技术实践及分析装置等，都统统被抹杀了，只留下被我们视作技术物——基因。基因拜物教沉溺于这种遮蔽、置换和替代，基因作为生命本身的保证者被假定为一种物自体，将人们吸引在生命本身的物化幻梦中。“科学把身体变成故事，又把故事变成身体；既产生称为‘实在’的东西，又产生对实在的证词。”这是哈拉维对自然科学的

“误置具体性谬误”之特征的清晰勾勒。

二　“物”也不存在于柏拉图的理念世界之中

拉图尔称柏拉图意义上的理念论为“唯心的唯物论”（ideal materialism）。

柏拉图理念意义上的唯物论，源于抽象的几何方法。拉图尔认为这种旧唯物论表现出双重意义的唯心论：（1）它坚持在“我们认知方式的几何化”与“被认知之物的几何化”之间的“符合”，这仅仅是因为我们事先就认可研究客体的“第一属性”——广延性才是科学研究的对象。于是乎，那些所有的“第二属性”，就被哲学家们认认真真地、一个接一个地剔除掉了。长久以来，技术史就是这种唯心的、唯物论的一种堡垒。由几何学所营造出来的柏拉图理念空间，把物质自身等同于那些技术图纸上所绘画的东西，那些存在于亘古不变的几何学领域中的东西。“我们高举着‘机械哲学’的大旗，却依然一本正经地严肃看待这些技术产品，仿佛物质自身的本体论特质，等同于那些绘制在几何学空间的本体论特质以及活动于几何学空间的成分。”① 事实上，对于任何一部机器而言，它作为一张设计图纸、作为“内在于长久以来的几何史所发明的同位空间的一部分”而存在，与“作为一种能够抵御侵蚀和腐烂而存在的客体”，完全不是一码事。因此，旧唯物主义的错误就在于坚持认为“物质自身的本体论性质”与“图纸和几何空间的本体论性质”是一样的。但是，这种观点在本体论上只是一种信仰，在认识论上已经被抛弃。

（2）旧唯物主义者完全无视在技术物生产过程中的艰辛劳作，其中充满着“生产”“确认”“追踪”“聚集”“维持”和“校准”等的工作。旧唯物主义则仅仅认为，似乎一张图纸就决定了机器的产生。尽管广延物的概念有助于我们将工程组件绘制出来，但这些组件并不会因为它们自身“属于”广延物就会自动归拢组装起来，成为可运作的装置。如果把实在与画在图纸上的几何存在完全“匹配”起来，这不仅完全忽略绘图时所遇到的种种艰难险阻，也忽视在制造产品的

① Bruno Latour, “Can We Get Our Materialism Back, Please?” *ISIS*, No. 1, 2007, p. 139.

实际操作中错综复杂的关系网络，还遗漏了使一切机械装置得以运转的关键——组装实践。基于技术的稳定性和精准度要求，技术制图是一种高难度的活动。旧唯物论使我们无法看到物何以能生成的集聚过程。

三　“物”是指科学事实得以生成与演化的科学实践舞台

哈拉维把“物”界定为建构科学事实的干预性实践。拉图尔更进一步考虑这种实践的构成。他赞同海德格尔的工作，将“物”界定为一种“集合”，各种人类因素与非人类因素共同“聚集”为物，一种自然、仪器与社会之间机遇性相聚集的空间或场所，一种主客体通过仪器的交会点，科学实践得以发生的真实时空。这不是一个观念或精神产品世界，也不是纯粹的自然界，而是一个行动者的实践世界。在其中，自然、仪器与社会机遇性交织在一起，相互“冲撞”与“转译”，共同“内爆”出科学事实或现象。在科学实践中，我们在建构世界的同时，世界也以同样的方式建构着我们，实践舞台上所生成的科学事实所展现的是这样一种图景：自然—社会、客体—主体、认知—伦理之间的共生、共融与共演的历史。总之，“物”—“科学实践舞台”，应该成为科学哲学研究的本体基础。科学不仅存在于“物”之中，而且还因“物”而存在。任何对科学的哲学思考，都不能离开这一前提。

第二节　“错位”与哲学的误读

上面指出，拉图尔称柏拉图的理念论为唯心论，主要是指它“只能存在于一个由视觉想象构建出来的空间之中，而这空间距离我们的世界，乃至这宇宙无限遥远”①。然而，从柏拉图的理念论直到波普的三个世界，科学哲学家一直都把它作为真实的空间，作为自己立足的本体之根。这种“误置具体性的谬误”源于数学与科学的“错位”。

---

① Bruno Latour, “Can We Get Our Materialism Back, Please?”, *ISIS*, No. 1, 2007, p. 140.

一 数学中的“错位”

数学有“后台”和“前台”之分。“后台”是指“制造中的数学”，表现出不确定性、猜测的、错误、具有争议、充满问题、直觉推理，存在于数学家的真实创造过程之中。“前台”是指“完成了的数学”，具有确定与最后的结果、真理、严格的、演绎推理，表现为数学家的作品与教科书，仿佛数学就存在于柏拉图的理念世界之中。这是两种矛盾的实在。前台的数学作品显然来自后台的数学活动。然而，在数学作品及其哲学思考中，后台的数学被抹掉了。原因在于，前台数学的感染力需要隐藏“后台”的不确定活动，因为当听众意识到后台中杂乱的创造活动时，就可能改变、中断或败坏前台表演的感染力。

数学在现代文化中享有一个非常独特的地位，现代社会时常把数学置于理性思想的顶峰，甚至超过自然科学的地位，其铸铁般的确定性，使数学成为人类文化的基石。

然而，这种思想一直备受争议，被称为意识形态或“欧几里得神话”。它是一种信念，相信欧几里得之书包含的宇宙真理，是明确的、毋庸置疑的真理，从自明性真理出发，通过严格的演绎证明程序，人们就能达到客观的、确定的和永恒的真理。直到 19 世纪末，这种神话都没有受到挑战，是现代社会的一种基本信念。如哲学家就一直模仿欧氏神话，寻求建立有关宇宙本质的某些先验的确定性。然而，自非欧几何的发现，直到哥德尔的不完备性定理出现，绝对确定性数学的信念发生了动摇。

尽管“数学：确定性丧失”已有一个多世纪的历史，并得到了广泛的宣传。然而，数学的确定性神话依然没有被动摇。现代数学的文化研究发现了一个重要原因，即期刊与教科书等表达数学的方式。数学的确定性印象就源于这些出版物，因为数学出版物只包含数学研究的结果。特别是，标准的现代“定义—定理—证明”的格式，会暗示数学家开始于一种清晰的定义，然后，他形成一个猜想，随后毫不犹豫地一步步演绎出证明步骤。这种“格式”很少给出有关定义、定理或证明是如何被发现的信息，它们在证明过程中如何被修改，或者

“真实的”证明过程是什么。标准出版物缺少这类实践细节。

虽然数学家自己非常清楚他们的创造实践并不遵守“前台”的数学形象，更不会被欧氏神话所误导，但他们会时常主动地通过教育实践或出版物去保持这种神话。原因在于：（1）前台数学的“文本”为数学创造出一个确定性与客观性的空间，给人们留下这样一种印象，数学就源于数学共同体中逻辑的演绎推理，是绝对确定性知识。此外，数学文本的无个性化特征、使它保持着客观性与普遍性。（2）“在传达一个更为真实的数学图像时，数学共同体之所以不主动，一个原因是数学的大量权力与声望源于其确定性的主张，一种‘精确科学’的想象”。[①]

二　科学中的“错位”

1963 年，诺贝尔奖得主梅德瓦（Peter Medawar）在一篇题为《科学论文是一种欺骗吗？》的论文中指出了一种现象：科学家的实验过程与他们的论文或科普作品之间普遍存在着“错位”。“对于构成科学发现的思维过程，科学论文给出的是一种完全错误的叙事，在这种意义上，科学论文是一种‘欺骗’。”[②] 由于大众对于科学研究缺少具身性经验，他们对科学的理解主要来自科普作品与教科书，而这些传播主要是强调实验知识的可靠性与确定性，并且随着知识在时空中脱离科学发现语境的距离的程度增加，这些特征的强度会大幅度提高。梅达沃的意思并不是说科学论文是字面欺诈（如科学家捏造数据），而是其表征手法会歪曲科学的实践特征。科学，在作为“前台”出版物中被书写，但是在“后台”的实验室活动中被建构。

这种前台与后台之间的错位，就成为主流科学哲学研究的出发点。赖辛巴赫在 1938 年《经验与预言》中提出了逻辑实证论著名的“辩护的语境”与“发现的语境”相分的观点。两种语境之分的目的在于：（1）将科学哲学与对科学的历史学、政治学、社会学和其他

---

① Claudia Henrion, “The Quest for Certain and Eternal Knowledge”, Henrion C., *Women in Mathematics: The Addition of Difference*, Indiana University Press, 1997, p. 249.

② Peter Medawar, *The Strange Case of the Spotted Mice and Other Classic Essays on Science*, Oxford University Press, 1996, p. 38.

经验性路径研究进行区分。进行科学哲学研究就是揭示前台科学理论的逻辑结构以及理论和证据间的逻辑关系。（2）表明没有发现的逻辑，后台的发现过程被排除在哲学重构之外。波普的《科学发现的逻辑》一书，虽然以“科学发现的逻辑”为题，但波普在书中明确否定了书名，指出不存在后台的科学发现的逻辑。科学哲学只能涉及前台科学的“辩护的语境”。科学哲学的目标是对科学家的研究成果进行理性的逻辑或方法论重构，以建立一个既有逻辑完备性，又能准确反映出思维认知过程的理论，其中要排除发现语境中的非认知因素。也就是说，在一个相容的逻辑系统中，科学哲学的任务就是表明思维过程“应该”如何发生，而不是实际上“如何”发生。这种对前台科学理论的理性或逻辑重构是基于对后台的“发现的语境”消除。在20世纪70年代以前，两种语境之分是主流科学哲学研究的一个基本原则。

反过来，主流科学哲学会为科学家提供辩护，让他们在其作品中有意识“错误”地表达其研究实践，以表明他们的工作符合哲学家所谓的“方法论”标准，让读者认识到科学是“一项伟大而智慧的工作”。

这种作为“科学的科学”的理性重构的哲学理想，除了上述修辞的功效外，对科学研究影响甚微，甚至时常引起了科学家的反感。诺贝尔物理学奖得主斯蒂文·温伯格就曾讥笑道：科学家眼中的科学哲学的价值，类似于鸟眼中的鸟类学的价值。[1] 另一位诺贝尔物理学奖得主理查德·费曼则以一种讽刺的语调描述哲学家：在制造观察时，科学家有大量的技巧，科学哲学对这些技巧有不少的讨论。但这种现象可用一个著名的笑话来比喻。一个人总是向他的朋友埋怨一种“神秘的”现象，他的农场里的白马总是比黑马吃更多的草，他一直困惑不解。直到他的朋友暗示说，你的白马比黑马多时，他才恍然大悟。这听起来很荒谬，却是在各类科学哲学著作中时常出现的类似故事。[2]

---

① Steven Weinberg, *Facing Up: Science and Its Cultural Adversaries*, Harvard University Press, 2001, p. 8.

② Richard P. Feynman, *The Meaning of it All*, Penguin Press, 1999, p. 6.

关键问题在于，哲学家总是在抽象的辩护逻辑中，而不是在坚实的实在基础上去寻求知识的辩护。哲学家“总是寻求飘浮着的知识，而物理学家把知识之根系在实在之上”。因此，“哲学家总是外在于科学做出愚蠢的评论，因此，他们总是无法真实地关注真理并对其意义进行辩护。”[①] 不要从哲学家的抽象语句，而要从自然之网出发，去创造一个科学家实践的哲学。这种哲学不要把科学看成仅是“科学的”，而把科学视为一种“科学的、哲学的、艺术的与伦理的集合体”的事业。这是费曼为哲学家指出的方向——走向科学家的实践舞台。

总之，主流科学哲学是基于一种错位的科学图像去思考科学的哲学问题，并一直固执坚持这些哲学解答反映出科学的本质。这是一种“误置具体性的谬误”，它源于科学的数学与逻辑模式脱离了其得以起源的实践世界。

第三节 错位与欧洲科学危机

“欧洲科学危机”，这一术语，源于胡塞尔的名著《欧洲科学危机与超验现象学》。它源于作为科学模板的欧几里得堡垒与生活世界的分离。胡塞尔曾从认识论的角度详细地分析了伽利略用欧氏的几何世界取代真实的自然界的“祛魅过程”。“正是这件理念的衣服使我们把只是一种方法的东西当作真正的存有……这层理念的化装使得这种方法、这种公式、这种理论的本来意义成为不可理解的。”[②] “生活世界是自然科学的被遗忘了的意义基础。”[③] 这是欧洲科学危机产生的认识论根源。由此导致科学世界和生活世界分离，两种文化的分裂，人的单向度等现代性问题。

怀特海说：“17 世纪终于产生了一种科学的思维体系，这是数学

① James Gleick, *Genius: The Life and Science of Richard Feynman*, Pantheon Books, 1992, p. 21.

② ［德］埃德蒙德·胡塞尔：《欧洲科学危机和超验现象学》，张庆熊译，上海译文出版社 1988 年版，第 62 页。

③ 同上书，第 58 页。

家为自己运用而拟定出来的。数学家的最大特色是他们具有处理抽象概念，并从这种概念演绎出一系列清晰的推理论证的才能。但这样玩弄抽象概念并不能克服17世纪科学思想方法中的‘实际性误置’所引起的混乱。”[①] 也就是说，欧几里得理性把具体事实非常抽象地表现出来，并用它替代真实的实在。这种“误置具体性的谬误”在文化上引起了很大的混乱。

一 机械式无生命世界的出现

“误置具体性”的表现之一是“简单的位置观念”，这是机械论世界观的基点：只要存在事物，则它一定在空间占据一个固定的位置，在时间上占据一个确定的瞬间。而这种世界观根深蒂固的思维习惯是，只要把事物固定在欧几里得式的无大小的时空点上，我们就对它做了完美的说明。“一幅写生画竟能取代一幅完全的图画”，于是产生了一种形式的恶——“一个概念与一个实在冲突”[②]。即真实实体是有大小，而欧氏理性却把它抽象为无大小的概念，并把后者当作实在。结果导致“点的概念是指，那个可以分解为最终实在的成分，它本身没有过程。让我们考虑一个没有任何时间延续的瞬间的概念，这样的概念是一个没有过程的概念，空间的扩展是点的转变。它只是某些转变过程所经历的。在最近三十年中，这条真理征服了现代物理学。因此，数学被认为是检定的事实，它是错误的形而上学的避难所”[③]。这是“一个呆笨的事性，无声、无臭、无色，仅仅是事物的混乱、无尽头、无意义的世界”[④]。在法国生物学家，诺贝尔奖得主莫诺的眼中，近代科学的进步使我们人类成为宇宙的吉普赛人，我们活生生的人在死寂的自然中找不到自己的生存位置。

---

① ［英］A. N. 怀特海：《科学与近代世界》，何钦译，商务印书馆1997年版，第54页。

② ［英］A. N. 怀特海：《数学与善》，载邓东皋、孙小礼等编《数学与文化》，北京大学出版社1990年版，第12页。

③ ［英］A. N. 怀特海：《思维方式》，黄龙保、芦晓华译，天津教育出版社1989年版，第119页。

④ ［比］伊·普里戈金、［法］伊·斯唐热：《从混沌到有序》，曾庆宏、沈小峰译，上海译文出版社1987年版，第87页。

二 在本体论方面导致传统西方文化所特有的“自然的二岔”(the bifurcation of nature) 现象

这是“误置具体性的谬误”的另一种表现。怀特海所说的那样：“外在的自然界中没有光和色存在。有的只是质料的运动。同时，当光线进入你的眼睛落在网膜上时，也只是质料的运动。接着，你的神经和大脑都受到影响，但这仍然是质料的运动。这种理论对声也适用，只要把以太换上空气波，把眼睛换上耳朵就行成了。我们通过感官对于外物所能知道的东西不外乎是形状、大小和运动。诗人把事情看错了。他们的抒情诗应当不是对着自然写，而是对着自己写。他们应当把这些词变成对人类超绝的心灵的歌颂。自然界是枯燥无味的，既没有声音，也没有香气，也没有颜色，只是质料在毫无意义地和永不停地互相碰击着。”① 作为整个近代自然科学发展的主导性原理，这种第一属性和第二属性的二岔性理论，使第一属性在自然界中找到了自己的栖身之所，第二属性在精神世界中找到了自己的归宿。世界被分为物质和精神两个泾渭分明的世界，人类文明一分为二，知识分子分裂为二，这就是“两种文化的分裂”。在怀特海看来，这种分裂是人类文明的巨大悲剧，对未来将产生灾难性毁灭。事实上，文艺复兴时期达芬奇式的巨人已不复存在。在当代，一位量子物理学家往往对现代文学一窍不通，对历史可能略知一二，对现代音乐更是格格不入。反过来，一位文学家看到量子力学中的薛定谔方程，感觉简直就是天书。这里潜藏着未来发展的致命危机。科学的每一分支都在发展着，但都囿于自己那一分支上爬行着。其结果是各分支越离越远，日益孤立。每个人都只限于一隅，难于与圈子外的人进行思想交流，终其一生只会在一套极狭窄的抽象数学概念中思维。而他对这套抽象概念所赖以出现与演化的生活世界，却是越来越隔膜，越来越难理解。他们懂得、看到的只是与他们专业有关的一个局部，无能力看到具体的全局。至于人的其他方面，他则有可能完全被抹杀掉。如物理学家

① ［英］A. N. 怀特海：《科学与近代世界》，何钦译，商务印书馆1997年版，第52—53页。

看到天空中呈现的彩虹时，想到的可能仅是其中的数学物理方程，彩虹在现实中出现时所呈现出来的光彩夺目的美，在物理学家的眼中已经被这一方程剥夺掉了。这是人性的畸形和异化。因此，如果教育仅仅注意一套抽象的数学概念，那就会扼杀人性中的许多根本的东西。

结束语

数学或科学模式本身既非善，亦非恶。但如果数学或科学模式过于抽象化，脱离了其赖于生成与演化的实践或生活世界，就会错误地表达科学或数学，使相关的哲学反思误入歧途，最终导致文化意义上的“欧洲科学危机”。因此，怀特海反复强调的“把模式灌输进自然发生的事物，这些模式的稳定性，这些模式的变更，对于善的实现都是必要条件”①。怀特海在代表其一生思想总结的另一篇文章《不朽》的最后一句话是这样说：“我的观点是，哲学思想的最终世界观不可能奠基在形成我们的特殊科学基础的精确陈述之上……确定性是虚妄的。”② 这表明怀特海为什么说西方哲人一直在误读柏拉图。解决这种误读的正确途径就是要恢复被主流科学哲学颠倒了的数学家与科学家的实践、作品与哲学重构之间的关系，从“实践”的角度去重审科学哲学的合理性问题。这就是当下科学哲学转向“唯物论”的起因。值得注意的是，科学实践是发生学的或审美的，绝非纯粹的欧几里得式逻辑推理。

---

① ［英］A. N. 怀特海：《数学与善》，载邓东皋、孙小礼等编《数学与文化》，北京大学出版社1990年版，第12页。

② Alfred N. Whitehead, “Immortality”, Whitehead, *Science and Philosophy*, Philosophical Library, Inc., 1948, p. 80.

第二篇

STS本体论转向的理论语境

第三章 从“范式”到“实践的冲撞”：库恩与皮克林的比较研究

第一节 范式中的“科学活动”

《科学革命的结构》一书挑战了传统的科学哲学与科学史，否认形式主义的解释，关注于科学研究的活动，拒绝辉格式的叙事，提出不可通约的范式革命。这些使科学哲学进入了后经验论（postempiricism）阶段。库恩时常被谴责为对“科学的合理性”提出了挑战，走向相对主义与怀疑论。然而，库恩在《科学革命结构》一书中根本没有提出为科学知识合理性进行整体辩护的问题，更不用说回答它们。库恩之所以不讨论这类问题，原因在于科学哲学中的合理性问题总是预设了脱离科学活动真实状态的一种回顾性的认识论预言，在传统上关注科学理论的辩护逻辑。库恩说我们工作“已经违反了‘发现的范围’（Context of Discovery）和‘辩护的范围’（Context of Justification）这个当代非常有影响的区分。”①

传统上，科学哲学一直关注于认识论，其主题是科学知识，以及相关的科学知识的目的、结构、分界等“辩护的逻辑”。至于“发现的范围”却不是科学哲学思考的内容，它留给心理学家与历史学家。然而，在此书中，库恩开宗明义地批评了把科学知识作为科学哲学主题的做法，认为它来自传统的教科书“这个先前形成的甚至由科学家

① ［美］托马斯·库恩：《科学革命的结构》，金吾伦、胡新和译，北京大学出版社2003年版，第7页。

亲手描绘的科学形象。这些成就被记录在经典的著作之中，更近期的被记录在教科书中。每一代新的科学家都从中学会如何从事这一行业……这些书所获得的科学观根本上不符合产生这些书的科学事业”。库恩在这里对教科书所传授的科学形象提出了挑战，“目的是勾画出一种大异其趣的科学观，它能从研究活动本身的历史记载中浮现出来”①，这种研究活动，库恩是指“解题活动”。从科学知识转向研究活动，库恩消除了在科学哲学中知识或认知的首要地位。库恩鼓励我们去思考科学理解而不是科学知识。科学哲学的目的并不是提供一组辩护信念，而主要是研究科学家在实践中应付自然的解题能力。库恩鼓励我们把科学理解为持续的解题活动而不是这种行动的结果。

解题能力是通过范式的实践所把握，如人们对 f = ma 这类公式的把握，库恩借助了维特根斯坦“家族相似性”的类比。“这一过程所得到的是‘意会知识’，它只能得之于科学实践，而不是纸上谈兵”②，接受一范式并不是去理解一组陈述，而是获得一组技能。把握一个范式的技能就是能够把它们恰当应用到特殊情境之中，它包括发展一组数学工具；仪器的应用与实验的技巧与程序；认识到把这些技能扩展到新情境之中的途径；等等。科学推理时常表现为“家族相似性”的类比，而不是从一般原理中的演绎。科学家必须理解如何以类比的方法去处理在新情境中的问题。一般原理可能被利用，但不是依赖于先对原理进行理解，然后再去应用。库恩嘲笑这样一种对科学知识的定位：“除非学生先学会理论及若干应用它的规则，否则他根本不会解题。”③ 因为学习是一个对范例的意会性实践把握。这里涉及维特根斯坦著名的“规则悖论”之争，即规则与实践，何者优先的问题。20世纪90年代，布鲁尔与林奇之间曾爆发过一场著名的如何解读维特根斯坦的“规则悖论”之争。布鲁尔认为（科学共同体约定的）规则在前，实践在后。林奇指责布鲁尔把科学家变成了“社会傀儡”，就像逻辑经验论把人变成“逻辑傀儡”一样。林奇坚

---

① ［美］托马斯·库恩：《科学革命的结构》，金吾伦、胡新和译，北京大学出版社2003年版，第1页。

② 同上书，第171页。

③ 同上书，第168页。

持人们只有通过实践才能把握规则，因此，把实践置于优先的地位。在这一点上，库恩看法实际上是与林奇一致的。

然而，库恩对“科学活动”还表达出另一种相反的态度，这源于其反实在论的立场。在科学哲学中，库恩是反科学实在论的代表性人物，原因在于他拒绝承认科学的目标是对独立于人的概念与实践的自然界的一种正确表象。如库恩嘲笑这样一种观点：“想象存在那么一种完全的、客观的、真实的对自然的叙述，对科学成就的真正度量就是使我们接近这种终极目标的程序吗？”① 反实在论者通常认为真理与实在是无法达到的，被人类语言、文化与知觉所遮蔽，用库恩话来说，就是被范式所遮蔽。如库恩说：“当通过不同的范式与自然界相关联时，能成为自然规律的不同方式的标志。”因此，“革命之后，科学家所面对的是一个不同的世界。”② 至于真实“自然”如何，库恩并不像康德那样，明确把它推到彼岸世界，而是对此保持沉默。伽里森指出反实证主义将实证主义的观点进行了颠倒：“理论占据了原先实验和观察的首要地位，现象也不再免于断裂了。当理论改变时，包括实验和观察的整个物理学场景都发生了改变。”③

总之，在“科学实践”的问题上，库恩的“范式”表现出一种矛盾的态度。不过，范式规范化了常规科学的问题、活动与物质环境，把科学行动视为一个有待解释的主题，所有这些有助于打开一个研究科学实践的领域。正如皮克林所说：在库恩的《科学革命结构》一书中，我们“发现了零星的对科学实践的研究兴趣”④。

第二节　实践中的冲撞

如果说库恩打开了科学实践的大门，那么皮克林所主编的《作为

---

① ［美］托马斯·库恩：《科学革命的结构》，金吾伦、胡新和译，北京大学出版社2003年版，第117—118页。

② 同上书，第110页。

③ Peter Galison, *Image and Logic*, The University of Chicago Press, 1997, p. 788.

④ ［英］安德鲁·皮克林编著：《作为实践和文化的科学》，柯文、伊梅译，中国人民大学出版社2006年版，第4页。

实践和文化的科学》文集却是“科学实践转向”的标志性著作。

据皮克林回忆，库恩《科学革命的结构》一书对他学术生涯的前两个阶段——《建构夸克》与《实践的冲撞》，都有很重要的影响。1976年皮克林刚到英国爱丁堡大学攻读社会学博士时，读了库恩《科学革命的结构》一书。他起初并不喜欢这本书，因为他对库恩把所有科学活动都归结为科学革命这一点感到困惑。然而，当作为物理学博士的他开始研究粒子物理学的历史，如费尔班刻（W. M. Fairbank）与莫普哥（Giacomo Morpurgo）寻求夸克的实验时，两位物理学家对是否存在自由夸克给出了相互冲突的证据时，他注意到了库恩书中一个时常被人们提及的主题——不可通约性。皮克林《建构夸克》一书，就是对这一主题的批判性发展。

在《建构夸克》一书中，皮克林通过对相关案例的研究发现，不可通约性并不是库恩意义上的范式之间的不可通约性，即不同理论之间的不可通约性，而是指对物质世界的不同实验仪器的不同操作活动之间的不可通约性：费尔班刻的实验仪器能够提供自由夸克存在的真实证据；而莫普哥的实验仪器却提供出夸克不存在的证据。这就是新物理学家与旧物理学生活在不同的世界的意义。正是在这一点上，他意识到科学的物质基础——科学实践中仪器的作用，而这方面前人未予充分重视，也是皮克林对库恩不可通约性的物质文化式的解读。库恩的不同范式采用的是不同的语言，并且相互间是不可翻译的，主要问题在于考虑的是语词，而不是物。《建构夸克》一书说出了一个不同的故事：新旧物理学范式生活于不同的世界之中，原因不在于使它们保持分离的不同语言，而是不同的物质基础——不同的机器与仪器领域。[①] 皮克林注意到“正是在这一点上，我开始感觉到对于科学的物质基础——其机器与仪器以及它们的力量，我们有某些重要的事情要讨论……值得注意的是这种讨论一直是多么的困难，我们要思考科学无处不在的物质性”[②]。

1984年，皮克林在美国麻省理工学院碰到库恩，库恩对皮克林

① Andrew Pickering, "Reading the Structure", *Perspectives on Science*, No. 4, 2001, p. 500.

② Ibid., p. 501.

说：“安迪，你们这些强纲领者在科学家之间的协商上真的做得很好，但是在科学家与自然之间的协商上呢？”[①] 这使皮克林开始思考在知识的建构过程中，科学家是如何与自然打交道，思考着自然对科学家实验操作活动的约束，由此开始构思他的第二本书《实践的冲撞》（*The Mangle of Practice*）。1986—1987 年在普林斯顿高级研究院，皮克林开始在“物之稠密处”（the thick of things），即实验室中真实的物质世界——物质—概念—社会的聚合（Material-Conceptual-Social Assemblage）中思考科学知识的建构，把科学事实的建构看作一种仪器及其操作和概念之间的冲撞过程。其中，自然的阻抗、仪器的控制、理论的所思、科学共同体的所做、所有都在实践中交织在一起，并没有什么预先就存在着的主导因素。在传统科学实在论那里，自然是最重要的因素，而在社会建构论那里，社会起主导作用，而在皮克林这里，自然、社会与理论都是实践共舞中的具有同等地位的异质性要素，这使皮克林用带“去中心化”的后现代色彩的视角去看待科学实践：在这动态介入的科学实践过程中，主体与客体之间的隔阂被打破，科学、技术、物质材料、科学家等异质性要素相互缠绕在一起，自然的物质对象（包括技术）变成了某种具有自身力量的生成性东西，一切科学知识都是在这可见的动态介入过程中涌现，或是一种开放式驻足点（open—endedness）。这就是“科学事实的实践建构”。某物成为一个事实，并不是因为它本身即为某事实，而是因为它是在实验室各种异质性要素的冲撞过程中生成的。科学事实是各种实践文化要素的最终聚合体，它们是在这一共舞过程中涌现或生成的，并在随后的实践中不断地演化着，不断地改变着它们的性质。当新文化要素以这种方式或那种方式机遇性聚合在一起，开始新的实践共舞时，这些实体就会在无限可能性的开放空间中进行着演化，并最终形成一个重构的新实体——新科学事实，如此“循环”的共舞，构成了科学实践生生不息的永恒图景。

上述各种异质性要素不仅在科学实践过程中“共生”，而且还相

---

① Casper Bruun Jensen, “Interview with Andrew Pickering”, Don Ihde and Evan Selinger (eds.), *Chasing Technoscience*, Indiana University Press, 2003, p. 84.

互间从各方汲取（feed off）营养达到共同演化。当以科学实践共舞中这种“共生与共演”的关系去思考科学与社会的关系时，皮克林进入了他当下的研究——辩证的新本体论（New Dialectical Ontologies，这是皮克林教授2010年9月在南京大学马克思主义社会理论研究中心的演讲题目之一）。[①] 第二次世界大战后出现了“赛博”科学（Cyborg science）。Cyborg 这个词是 Cybernetic Organism（控制论有机体）的缩写。赛博既有计算机、芯片、航天飞机等物质基础，同时适逢国际政治形势变幻，又借助了科幻文学广受欢迎的时机，因而是在科学、技术、政治、伦理、经济错综交杂的技性科学中生成。这样一种历史发展与物质真实性结合生下的产儿，必然带来本体论上的革新。赛博模糊了所有范畴乃至对立的两极界限，被视为突破各种界限的杂合体（hybrid），这也正是其哲学意义所在。皮克林认为赛博科学进入了人类与机器强化耦合的阶段，相应的赛博科学与赛博对象的不断出现，构成了战后文化的一个关键特征，即一种人类与物的混合本体论。在这一演化过程中，自然界、机器的世界、人的世界、思想的世界又一次全都在新的相互关联中演变。就像炼金术一样，控制论的独特本体论滋养了人类所有学科研究方法，一方面有脑科学、人工智能、机器人学、信息理论、理论生物学；另一方面还有精神病学、管理学、政治学、政治、艺术及精神方面的内容。这种去中心化和瞬时化的本体论带给我们一种大为不同的世界，如“二战”后军事—工业复合体，就是这些突现聚合体中的一种。因此这里所谈论的存在和生成，不是关于纯粹的机器或纯粹的人类，而是关于赛博存在和生成，人与物相互缠绕的进化，科学是一个人与物、社会与自然的共同进化的过程，这是一种具有强烈历史感的科学观。

结束语

皮克林指出，“库恩的伟大贡献之一，就是把时间引入范式之中，

① 也可参见 Andrew Pickering, “New Ontologies”, A. Pickering and K. Guzik (eds.), *The Mangle in Practice: Science, Society and Becoming*, Duke University Press, 2008, pp. 1 – 14。

从而把常规科学看作某种动态的东西，在时间与历史中变化的东西”①。然而，库恩虽然认识到常规科学的历时性发展，但所有其他方面都没有脱离传统的轨道。如库恩把所有常规科学活动都纳入科学实践中人类的建构活动，这使得库恩对常规科学的解释采用了一种非涌现的形式。而皮克林则强调科学实践中自然、实验仪器设备与人类这些异质性文化要素之间的共舞，科学是在时间中发生、涌现并演化着。

在《科学革命的结构》一书的后记中，库恩用另一个术语“学科基质”（disciplinary matrix）去代替“范式”。“学科基质”包含：（1）诸如概念、常数与公式之类的符号概括；（2）作为一类共同体成员共同的形而上学承诺；（3）共同价值，它确定了什么是恰当的工作，什么是可接受的结果；（4）范例，它提供了作为进一步学习与研究的理所当然的出发点的模型。正因如此，人们时常把《科学革命结构》一书解读为另类“宏大叙事”，把科学实践中机遇性交流与物质生产还原为一种知识史。而皮克林的“物质—概念—社会的聚合”是指实验室中真实的生活世界，它关注真实的科学实践过程，把人们的目光从作为方法论堡垒的“实验”概念扩展到作为科学文化活动的“实验室”概念。“实验室”不是一个独立于行动者的客观世界，而是一个行动者所经验到的世界。同时，实验室所研究的自然现象是“强化”了的现象，即不是那些纯粹存在意义上的现象，而是被带回“实验室”中自然现象。这是真实的物质世界。

总之，库恩的范式是一个相对封闭的空间，缺少开放式驻足点这样一种涌现的时空维度，这主要是因为他的理论还处于新康德主义的框架之中。而皮克林的哲学是反康德的，在某种意义上进入实践辩证法的框架，这使他思考了真实时间中的“科学实践”。

① 转引自邢冬梅《在科学实践的物质维度解构科学实在——评皮克林的〈建构夸克〉》，《科学文化评论》2004年第3期。

第四章　从“认识论的鸡”之争看社会建构主义研究进路的分野

1983 年，诺尔－塞蒂纳与马尔凯曾以“家族相似性”① 来称谓社会建构主义纲领下的各类研究进路；然而，进入 20 世纪 90 年代，社会建构主义内部却发生了分野，与 SSK（Sociology of Scientific Knowledge）相对，出现了后 SSK 的研究。它主要包括三个比较成熟的研究流派：布鲁诺·拉图尔和迈克尔·卡伦的“行动者网络理论”，迈克尔·林奇的常人方法论研究，以及安德鲁·皮克林的冲撞理论。两派的分野主要体现在论文集《作为实践与文化的科学》一书中，这其中包含了两个有名的争论，即大卫·布鲁尔和林奇有关规则悖论的争论，以及拉图尔、卡伦、斯蒂文·伍尔伽与哈里·柯林斯、斯蒂文·耶尔莱有关“认识论的鸡”的争论。这两场争论集中反映了两派之间学术旨趣的差异，也表明了统一的社会建构纲领的正式分裂。本章将集中讨论第二场争论以及它在社会建构主义这一转向中的重要性。

第一节　“认识论的鸡”之争的来龙去脉

“认识论的鸡”之争②，主要包含几篇争论文章，即柯林斯和耶

---

① Knorr-Cetina, K. D. & Mulkay, M., “Introduction: Emerging Principles in Social Studies of Science”, *Science Observed: Perspectives on the Social Studies of Sciences*, SAGE Publications Ltd., 1983, p. 1.

② “认识论的鸡”之争，是一个比喻。“鸡”的游戏是西方人玩的一种游戏，（转下页）

尔莱的《认识论的鸡》、伍尔伽的《对宗派活动的一些评论：答复柯林斯与耶尔莱》、卡伦和拉图尔的《不要借巴斯之水把婴儿泼掉：答复柯林斯与耶尔莱》，以及柯林斯和耶尔莱的回复文章《驶进太空》。[①] 不过，这场争论很快就超出了这几个人的范围，甚至一些哲学家也参与其中，对社会建构主义的后继发展产生了重要影响。

简单而言，柯林斯和耶尔莱将社会建构主义学者在科学的认识论地位上的争论比作鸡的游戏，游戏的最终结果就是看谁是最勇敢的，谁能够在认识论的极端策略上走得更远。游戏的一方，柯林斯和耶尔莱主张某种形式的社会实在论，认为科学知识的最终根基在于社会，从而用社会学消解了科学的认识论地位；伍尔伽试图通过不断地运用反身性来消解社会学的优越性，而卡伦和拉图尔则主张一种广义的对称性原则，即对人类与非人类、自然与社会做对称处理，从而追随行动者。SSK 学者指责后 SSK 的观点仅仅是一种危险而又无用的、去人性的认识论游戏，而且他们“在哲学上是极端的”，“在本质上是保守的”[②]。后 SSK 则认为，柯林斯和耶尔莱仅仅提供了一种道德的、去本体论的社会学话语，实际上建立的是一种社会学霸权主义。

具体而言，争论可以分为以下几个方面。

一　认识论之争的本体论分歧：两种对称性原则

可以说，社会建构主义就是在不断地推进对称性原则的过程中发

（接上页）又称“胆小者游戏”，它是指面对着高速行驶的轿车，检验游戏者冲过马路时的胆量。游戏的胜利者是最后一位穿过马路的人，只有他才不会被谴责为胆怯，而前面那位匆忙穿过马路的人会被谴责为“鸡”（即像“鸡”一样胆小的人）。在《认识论的鸡》一文中，柯林斯与耶尔莱用它来比喻他们与拉图尔和伍尔伽在广义对称性问题上的争论。拉图尔提出的广义对称性把自然与社会进行对称性处理，他们站在两者的中间（马路的中间），仿佛以胜利者自居，而柯林斯和耶尔莱冲过了马路，跑到了社会一边，仿佛是以失败者告终。柯林斯与耶尔莱指责拉图尔的广义对称性实际上是在玩“鸡”的游戏。

① Henry Collins, Steven Yearley, “Epistemological Chicken”; Henry Collins, Steven Yearley, “Journey into Space”; Steve Woolgar, “Some Remarks About Positionism: A Reply to Collins and Yearly”; Michel Callon, Bruno Latour, “Don't Throw the Baby Out with the Bath School”, Pickering, A. (eds.), *Science as Practice and Culture*, The University of Chicago Press, 1992, pp. 301 – 389.

② CHenry Collins, Steven Yearley, “Epistemological Chicken”, Pickering, A. (eds.), *Science as Practice and Culture*, The University of Chicago Press, 1992, p. 323.

展起来的。在《知识和社会意象》一书中，布鲁尔将对称性原则从科学的制度层面推进到科学的知识层面，从而形成了一种认识论的对称性原则，认为科学与人类的其他文化形式无异，这导致了认识论上的相对主义。

而卡伦和拉图尔则认为，SSK的对称性原则（即所谓的第一对称性原则）并没有真正地坚持对称性，因为它实际上是将解释的权力赋予了社会，从而造成了自然的“失语”，因而，这是一种“认识论的不公正性”。[①] SSK的“对称性在自然与社会之间强行砌起了一堵柏林墙，结果破坏了所有案例研究所得到的真相”[②]。为此，卡伦在《转译社会学的某些原则：圣布里厄湾的渔民与扇贝养殖》一文、拉图尔在《行动中的科学》一书中进一步将对称性原则推进到了本体论的领域，即所谓“本体论对称性原则”——“在对人类与非人类资源的征募与控制上，应当对称性地分配我们的工作”[③]。

行动者网络理论认为，在科学研究与科学争论的过程中，一直都有非人类因素参与其中；而且，它们并不是一种封闭的、僵硬的或远离人类的物的世界，当然也不能被夸大（自然实在论）或贬低（社会实在论）；它们以自然行动者的姿态介入了与人类行动者的相互作用之中。“我们应该把科学（包括技术和社会）看作一个人类的力量和非人类的力量（物质的）共同作用的领域。在网络中人类的力量与非人类的力量相互交织并在网络中共同进化。在行动者网络理论的图景中，人类力量与非人类力量是对称的，二者互不相逊。”[④] 因此，主体与客体、自然与社会之间的对立消失了，新的本体成为以两者的

---

① Bruno Latour, *We Have Never Been Modern*, translated by Catherine Porter, Harvard University Press, 1993, p. 95.

② Michel Callon & Bruno Latour, “Don’t Throw the Baby Out with the Bath School”, Pickering, A. (eds.), *Science as Practice and Culture*, The University of Chicago Press, 1992, p. 352.

③ Bruno Latour, *Science in Action: How to Follow Scientists and Engineers through Society*, Harvard University Press, 1987, p. 144.

④ ［英］安德鲁·皮克林：《实践的冲撞》，邢冬梅译，南京大学出版社2004年版，第11页。

相互关系为基础的一个行动者的网络，出现了一种“社会与自然之间的本体论混合状态”①。

第一对称性原理：

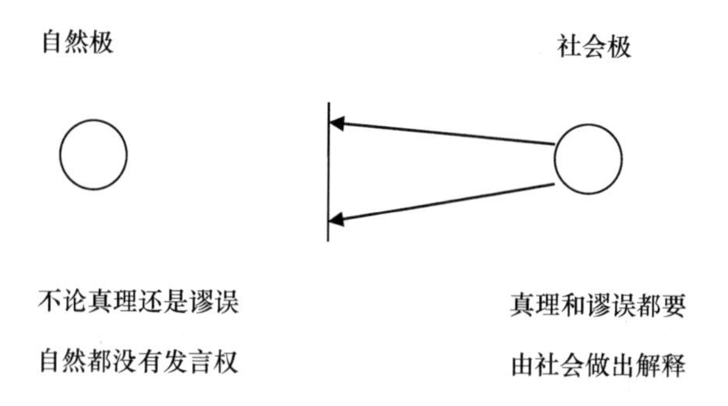

广义对称性原理：

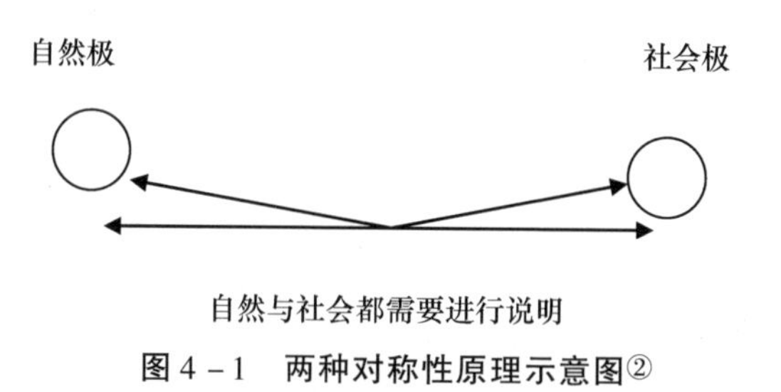

自然与社会都需要进行说明

图4-1　两种对称性原理示意图②

当然，柯林斯和耶尔莱对此是极力反对的。他们指责卡伦和拉图尔的观点仅仅是传统科学史观点的现代形式，“极端的对称性远不能增加我们的理解……解释看起来更像是传统科学史家的解释”。只是这一旧故事却穿上了新的外衣，“语言在变化，故事却依旧如故”③。

---

① Michel Callon, Bruno Latour, "Don't Throw the Baby Out with the Bath School", Pickering, A. (eds.), *Science as Practice and Culture*, The University of Chicago Press, 1992, p. 347.

② Bruno Latour, *We Have Never Been Modern*, translated by Catherine Porter, Harvard University Press, 1993, p. 95.

③ Henry Collins, Steven Yearley, "Epistemological Chicken", Pickering, A. (eds.), *Science as Practice and Culture*, The University of Chicago Press, 1992, p. 315.

显然，这场争论的名字虽然是“认识论的鸡”，但其主要的分歧还是在本体论层面上展开的，即是否要打破自然与社会之间的两分。以柯林斯为代表的SSK坚持这种两分法，把决定力量赋予人类社会，自然、科学都要由社会所决定；而后SSK（行动者网络理论和反身性理论）则要求打破这种两分，把自然与社会视为具有同等地位、同等力量的行动者，共同参与了科学理论的建构。在人类力量与非人类力量的领域中，各种力量相互作用，不断地生成、消退、转换，如此循环不已。

二 解释还是描述：温和的规范主义与描述主义之争

从研究方法和研究视角来看，作为社会建构主义之下的两个亚研究纲领，两者都主张经验主义的研究进路。柯林斯称自己的研究为“经验相对主义”纲领。① 耶尔莱也曾致力于科技政策领域的经验研究②。然而，在拉图尔等人看来，SSK的研究并不是真正的经验研究，因为他们在经验研究的名义之下，仍然去寻找某种解释（interpretation）③，去寻求现象背后的因果结构和不可见的隐蔽秩序④，其结果就是一种社会决定论。很明显，SSK的策略是一种“残存的规范主义的承诺”⑤，虽然它相对温和一些，但充其量也仅仅具有“半操作性特征”⑥。

而后SSK则主张一种彻底的描述主义进路，其策略就是要深入科

---

① Henry Collins, “Stages in the Empirical Programme of Relativism”, *Social Studies of Science*, Vol. 11, 1981, pp. 3 – 10.

② Steven Yearley, “From One Dependency to Another: the Political Economy of Science Policy in the Irish Republic 1922 – 1990”, *Science, Technology and Human Values*, Vol. 20, 1995, pp. 171 – 196.

③ Henry Collins & Steven Yearley, “Epistemological Chicken”, Pickering, A. (eds.), *Science as Practice and Culture*, The University of Chicago Press, 1992, p. 323.

④ Andrew Pickering, “Time and a Theory of the Visible”, *Human Studies*, Vol. 20, 1997, p. 326.

⑤ Pels, D., “The Politics of SSK: Neutrality versus Commitment”, *Social Studies of Science*, Vol. 26, 1996, p. 280.

⑥ ［英］安德鲁·皮克林：《实践的冲撞》，邢冬梅译，南京大学出版社2004年版，第10页。

学研究的现场，追随行动者，包括“自然行动者”（actant）和“人类行动者”（actor）[①]，从而用一种“无偏见的词汇”[②] 来描述他们。因此，不能够“用外在的实在来解释社会，也不能用权力的游戏来解释外在实在的塑造”，毋宁说，自然与社会并不需要我们的解释，而“仅仅需要进行说明”，它们仍然是我们需要进行考察的“问题”，而不能作为可以直接运用的“结论”[③]。

很明显，这是由于两者对于对称性的不同理解造成的。认识论的对称性，其目的就是去寻找一种解释资源来作为信念的认识论地位（对与错、真与假）的“原因”[④]；而后 SSK 将非人类与人类力量并置，这必然要求一种彻底的描述性视角，从而能够真正在各种行动者之间进行对称性的描述。

三　谁之霸权：霸权主义之争

拒绝科学的霸权，是两种进路的共同之点。然而，两者却又相互攻讦，认为对方在达到自己学术目的的同时，又有意保留了科学家的话语霸权。这一分歧是规范主义与描述主义两种研究进路所进一步导致的结果。

柯林斯和耶尔莱的规范策略是，用人类中心的社会学话语取代自然中心的科学家话语。他们认为，“自然界表面上的独立力量是由人类的社会谈判所赋予的。因为，自然科学家的特殊力量和权威来自他们有接近独立实在的特权，因此，将人类置于中心，就能够取消这种特殊的权威”[⑤]。其目的就是用利益、权力等社会学因素取代自然在科学认识过程中的作用。很明显，如果说传统科学哲学将科学发现过

---

① Michel Callon, Bruno Latour, “Don't Throw the Baby Out with the Bath School”, Pickering, A. (eds.), *Science as Practice and Culture*, The University of Chicago Press, 1992, p. 347.

② Ibid., p. 354.

③ Bruno Latour, *We Have Never Been Modern*, translated by Catherine Porter, Harvard University Press, 1993, pp. 95 - 96.

④ ［英］B. 巴恩斯、D. 布鲁尔：《相对主义、理性主义和知识社会学》，鲁旭东摘译，《哲学译丛》2000 年第 1 期。

⑤ Henry Collins & Steven Yearley, “Epistemological Chicken”, Pickering, A. (eds.), *Science as Practice and Culture*, The University of Chicago Press, 1992, p. 310.

程中的一切非理性因素消解在认识论之中，其结果就是一种“没有认识主体的认识论”；那么，SSK则试图将认识论消解在社会学之中，其结果就是一种“没有认识客体的社会学”。

卡伦和拉图尔则认为，柯林斯和耶尔莱坚持自然与社会之间的两分，其结果就是将自然留给科学家，将人类社会留给社会学家。他们“不承认社会学家有权质问科学家在自然定义问题上的特权”，“在他们的世界观中，两人都深深地陷入了科学主义，以致其整个事业就是为了保卫科学”。因此，卡伦和拉图尔用“披着狼皮的羊”来比喻两者，以表明他们在面对自然与科学家时表面强大实则畏缩的态度。[①]与之相反，卡伦和拉图尔坚持描述主义的进路，试图从社会学和人类学的视角对自然和社会都展开经验研究，从而使得原来属于科学家的自然领域和属于社会学家的人类领域都向社会学家开放。他们的策略就是在科学研究的实际活动过程中，“追随科学家”和其他行动者。只有如此，才能够彻底打破科学家在研究自然问题上的霸权，从而进入一种后现代式的非霸权的多元图景。

因此，从其本体论前提、研究进路以及研究目的上看，双方都有着巨大的分歧。正如皮克林所说，这种分歧体现了“现代主义者、人类主义者、二元论者”和“后现代主义者、后人类主义者、后二元论者”之间的对立[②]。这也正是SSK与后SSK的根本分歧所在。

第二节 “认识论的鸡”之争的深层原因分析

皮克林将后SSK的科学观定位于“实践”与“后人类主义”[③]，并认为此两点是后SSK相对于SSK的超越之处。如果将皮克林的思路进一步展开，我们就会发现SSK与后SSK所体现的实际上是康德式二

① Michel Callon, Bruno Latour, “Don't Throw the Baby Out with the Bath School”, Pickering, A. (eds.), *Science as Practice and Culture*, The University of Chicago Press, 1992, p. 357.

② ［美］安德鲁·皮克林：《实践的冲撞》，邢冬梅译，南京大学出版社2004年版，第22页。

③ 同上。

元论的现代思维与多元论的后现代思维之间的对立，这也正是此争论中两派分歧的深层原因所在。

首先，从本体论而言，两者体现了人类与自然两分的二元本体论与人类——自然交互作用的混合本体论之间的分歧。自康德之后，自然与社会的两分成为许多哲学思想的理论前提，传统的科学哲学即是如此；而将科学哲学作为批判对象的SSK，竟也没能逃离这一框架。有了自然与社会的两分，他们才能够在自然与社会之间选择一种“基础性的”解释资源①。而本体论的对称性原则“并不是在自然与社会之间进行轮番交替，而是把自然与社会视为另一种活动的孪生结果”②。拉图尔认为，萨特式的“存在先于本质”的口号，同样适用于对科学（行动者）的研究。本质（essence）是具有情境和历史依赖的，是由行动者的存在（existence）所决定的。③ 因此，社会与自然不可能一劳永逸地决定本质，这也就使我们不能够将科学的本质武断地划归到社会一端或者自然一端，而只能在追随行动者的过程中历史性地考察本质。

当然，混合本体论并不是认为自然与社会之间毫无差别；而是在承认差别的基础之上，考察自然与社会的交界地带发生了什么。这就是拟客体的概念。“拟客体位于自然与社会两极之间，位于两极轴线之下”④。与自然界的那些“硬”事物相比，拟客体具有更强的社会性和人类集体特性，但它们又不是完全的社会产物；与人类社会的那些“软”事物相比，拟客体具有更多的实在性和客观性，但它们也不是纯粹的自然产物。简言之，拟客体就是自然与社会的综合产物。

其次，从认识论策略而言，双方也体现了现代式的宏大叙事与后

---

① Henry Collins & Steven Yearley, “Epistemological Chicken”, Pickering, A. (eds.), *Science as Practice and Culture*, The University of Chicago Press, 1992, p. 322.

② Michel Callon, Bruno Latour, “Don’t Throw the Baby Out with the Bath School”, Pickering, A. (eds.), *Science as Practice and Culture*, The University of Chicago Press, 1992, p. 348.

③ Bruno Latour, *We Have Never Been Modern*, translated by Catherine Porter, Harvard University Press, 1993, p. 86.

④ Ibid., p. 55.

现代式的多元文化之间的差异。对 SSK 来说，这种宏大叙事体现在：一方面，与近代科学一直在寻求“永恒秩序”一样，近代社会学也一直在追寻人类社会存在的“永恒规则”。这样一种“超验的方式”①，必然使得社会学家们将目光投向了现象背后的“规律”和“一般原理”，因此，社会学家的目标就是“建立可以说明这些规律性的理论”②。其结果就是一种绝对主义的元叙事（这与传统的科学哲学无异），“揭开表象的面纱，以描述其背后的因果结构，而这一结构本身是不可见的，也不能被直接地考察，但却是可见现象产生的原因。”③ 简单而言，就是预设一个本质，然后透过现象以期能抓住这一本质。

另一方面，柯林斯和耶尔莱认为，存在着元事实，即自然是社会建构的，但社会却不是社会建构的。按照这种理解，牛顿所认为的自然是一种社会建构，但社会学家将牛顿的动机归于这种或那种利益，却不是社会建构，而是客观真实的。很明显，柯林斯和耶尔莱认为社会利益是决定科学理论的一种先验规范，在此，他们明确表示反身性并不适用于社会学。在元事实的社会实在论的基础之上，社会学家具有了一种“元交替”的能力：SSK 学者擅长于在不同的知识模式或者参考框架中进行交替，因此，他们既能够理解“宗教”又能够理解“物理学”，既能够理解“上帝”又能够理解“引力波”。而其他的学者，如哲学家和物理学家等，即理解能力仅限于自身领域。④ 这种社会学沙文主义策略的目标就是确立社会学的霸权。

在此，我们无法对反身性展开具体的讨论⑤，也没有必要去分析利奥塔对元叙事的解构，简单介绍一下后 SSK 的认识论策略即已足

---

① ［美］安德鲁·皮克林：《实践的冲撞》，邢冬梅译，南京大学出版社 2004 年版，中文版序言 1—2。

② ［英］大卫·布鲁尔：《知识和社会意象》，艾彦译，东方出版社 2001 年版，第 4 页。

③ Andrew Pickering, “Time and A Theory of the Visible”, *Human Studies*, Vol. 20, 1997, p. 326.

④ Henry Collins, Steven Yearley, “Epistemological Chicken”, Pickering, A. (eds.), *Science as Practice and Culture*, The University of Chicago Press, 1992, p. 302.

⑤ 布尔迪厄对社会科学是否需要反身性曾有过精彩的分析；书中所说反观性，在“Science Studies”领域中常译为反身性。

够。与SSK相反，后SSK所关注的是可见的东西，关注科学的实际运行过程，并不去寻找表象背后的隐藏秩序；他们认为，各种因素包括被逻辑实证主义绝对化的物质力量、被SSK绝对化的社会学因素，都内在于科学实践（行动者的网络），不存在具有主导地位的单一要素。在与布鲁尔的争论中，林奇指出，规则地阐述、理解与遵守规则的活动都是内在于实践的。[①] 正如皮克林所言，“删除SSK中的第一个S，是因为在理解科学实践和科学文化时，无须赋予社会因素以致因优势”[②]。因此，后SSK的工作就仅仅是描述作为现象的科学实践，仅此而已。

最后，从科学观而言，双方反映了表征主义的静态知识进路与操作主义的动态实践进路之间的区别。在柯林斯和耶尔莱的SSK研究进路之下，科学仍然是作为知识、作为文本而出现的；皮克林指出，“SSK的社会实在论‘假定并肯定科学的习惯用语’，而不是对这种习惯性用语本身进行探讨”[③]；这实际上仍然是一种静止的表征主义的科学观，与传统科学哲学的思维方式无异，其结果便是陷入了“认识论的恐惧”之中，即对科学是否表征了社会或自然的恐惧。而后SSK则将科学视为实践，视为一个不断进化与生成的过程，视为“经由联结多重概念文化层面的表征链而实现的与理论之间的构成与引导关系”[④]。正是在此意义上，皮克林说，“我们删除SSK中的K，这是因为，在新的科学图景中的主题是实践而不是知识”[⑤]。这样，科学便成为一个过程概念、时间概念、关系概念，拥有了自己的历史。

---

① Michael Lynch, “From the ‘Will to Theory’ to the Discursive Collage: A Reply to Bloor's ‘Left and Right Wittgensteinians’”, Pickering, A. (eds.), *Science as Practice and Culture*, The University of Chicago Press, 1992, pp. 283 – 300.

② Andrew Pickering, “From Science as Knowledge to Science as Practice”, Pickering, A. (eds.), *Science as Practice and Culture*, The University of Chicago Press, 1992, p. 14.

③ Ibid., p. 20.

④ ［美］安德鲁·皮克林：《实践的冲撞》，邢冬梅译，南京大学出版社2004年版，第120页。

⑤ Andrew Pickering, “From Science as Knowledge to Science as Practice”, Pickering, A. (eds.), *Science as Practice and Culture*, The University of Chicago Press, 1992, p. 14.

不过，关于表征进路与实践进路，这里有必要说明两点。第一，SSK也讲实践，但这与后SSK所讲的实践有着根本的不同。柯林斯声称对科学展开自然主义的研究，但这种研究仅仅是为了把社会学因素引入科学之中。在他那里，实践仅仅是一个权宜性的工具，其内容是单调而枯燥的，自然被摒弃，科学家成为木偶，社会利益成为外在于实践并决定实践的先验规范；因此，其实践仍然是固定性的，并没有时间性，“是以非时间性的文化摹写和理论反映来研究实践”①。而行动者网络理论所代表的后SSK则认为，各种因素（行动者）都内在于实践，在现实的时间演化中，相互交织、共同界定。第二，在拉图尔的理论框架之中，仍然存在着表征的影子。因为行动者网络理论有着符号学的背景，这就要涉及不同的行动者之间相互表征的问题。当然，这种表征已与柯林斯的理论框架有了根本不同，因为它已经摆脱了还原论的色彩。②

第三节　社会建构主义研究进路的分野

“认识论的鸡”之争基于认识论对称性原则与本体论对称性原则的分歧，集中反映了社会建构主义内部的分裂。可以说，后SSK的研究代表着社会建构主义从现代思维框架向“后现代”思维框架的转变。③ 具体而言，在本体论上，SSK主张一种基础主义的社会实在论，后SSK则认同一种人类与自然相互作用的混合本体论；在认识论上，SSK采取一种静态的规范主义进路，试图寻找科学现象背后的社会利益根基，而后SSK则采取一种动态的描述主义进路，仅仅关注科学研究的过程；在科学观上，SSK仍然因循表征主义传统，关注的是作为表征与知识的科学，而后SSK则将科学视为实

---

① ［美］安德鲁·皮克林：《实践的冲撞》，邢冬梅译，南京大学出版社2004年版，第4页。

② 在这一点上，皮克林的冲撞理论与表征做了彻底的决裂。

③ Andrew Pickering, “From Science as Knowledge to Science as Practice”, Pickering, A. (eds.), *Science as Practice and Culture*, The University of Chicago Press, 1992, pp. 7-8.

践，反对表征与还原。

最后，有必要指出一点，学术研究并不能以激进与否作为其合理性的标准，而是应该看谁具有更大的自洽性、谁揭示了科学研究的真实过程；否则，若以胆量论输赢，那么，与其称他为认识论上勇敢的鸡，不如说是本体论上愚蠢的豪猪。①

---

① 在北美的乡间公路上，豪猪最容易成为路杀（roadkill）的对象。当夜幕降临时，面对飞驰而来的汽车，它们往往慌不择路地向其撞去而一命呜呼。有学者以此讽刺柯林斯和耶尔莱的胆量游戏。

第五章　从规则悖论之争看建构主义研究进路的转向

与科学哲学相比，建构主义的一贯策略就是将科学哲学中的某些讨论主题，从社会学的角度加以经验化，从而试图寻求一种新的诠释途径。然而，正是在这种诠释之中，建构主义内部也发生了分歧。按其基本研究取向的不同，可以将之划分为 SSK（Sociology of Scientific Knowledge，又称社会建构主义）与后 SSK（林奇称之为后建构主义）。[①] 对维特根斯坦"规则悖论"的解读就是一个典型的案例，这场争论发生在 SSK 的代表人物布鲁尔（David Bloor）与常人方法论（ethnomethodology）的代表人物林奇（Michael Lynch）之间。他们分别代表了在建构主义领域中，对维特根斯坦"规则悖论"的怀疑主义（社会学）解读方案与反怀疑主义（常人方法论）的解读方案。从中，我们可以窥见建构主义研究进路的一个新转向。[②]

第一节　规则悖论的两种解读版本

在《哲学研究》185 条中，维特根斯坦设计了一个有关数列的语

---

① 目前，后 SSK 有三个比较成熟的研究领域，即皮克林（Andrew Pickering）的冲撞理论、拉图尔（Bruno Latour）的行动者网络理论与林奇的常人方法论。

② SSK 与后 SSK 的分野主要体现在论文集《作为实践与文化的科学》一书中，这其中包含了两个有名的争论，即布鲁尔和林奇有关"规则悖论"的争论，以及作为一方的拉图尔、卡伦（Michel Callon）、伍尔伽（Steve Woolgar）与作为另外一方的柯林斯（H. M. Collins）、耶尔莱（Steven Yearley），有关"认识论的鸡"的争论。这两场争论分别从认识论领域和本体论领域集中反映了两派之间学术旨趣的差异，也表明了统一的社会建构纲领的正式分裂。

言游戏：假定一个学生已经掌握了自然数数列，而且已经做过练习，并检验了小于1000的"n+2"数列。维特根斯坦接着写道：

> 现在，我们让这位学生继续写1000以上的数列（如n+2）——于是，他写下1000、1004、1008、1012。
>
> 我们接着会对他说："看你都做了些什么？"他却并不明白。我们说："你应该加2，看你是怎样开始写这一数列的！"
>
> 他答道："是的，难道不正确吗？我以为你们的想法就是如此。"①

很显然，这位学生错误地理解了n+2数列的意思；在未有切身体验之处，他将其理解成了"加2到1000，加4到2000，加6到3000"。科林斯甚至指出，加2的规则可以表现为82、822、8222……或者28、282、2282、22822……或者8^2等。这样，我们对公式"n+2"也就可以有无穷多种理解方式。因此，似乎出现了一种极端的相对主义立场，"这就是我们的悖论：没有任何行动过程能够由一条规则来确定，因为我们可以使每一行动过程都与这一规则相符合。答案是，如果我们可以使每一事物与规则相符合，那么我们也可以使其与之相悖。因此，符合或者冲突并不存在。"② 我们知道，维特根斯坦是在讨论规则的意义问题时提出规则悖论的。哲学家们对此已经进行了富有成效的讨论，但社会学家采取了不同的研究进路，即将规则悖论的讨论经验化，当然，他们的讨论并不单纯是为了解决规则悖论，而更主要地则是为其理论寻求哲学根基。③ 布鲁尔和林奇代表了对规则悖论的两种解读版本，而且他们的解读也都可以从维特根斯坦的著作中找到根据。

---

① Michael Lynch, "Extending Wittgenstein: The Pivotal Move from Epistemology to the Sociology of Science", Andrew Pickering (eds.), *Science as Practice and Culture*, University of Chicago Press, 1992, p. 221.

② Ibid., p. 222.

③ 规则悖论的根本目的在于为两人的科学观寻找哲学根基，而且，他们最后的争论也都上升到了科学观的层次，因此，我们在此的讨论，也将在规则悖论本身与科学观两个层次上展开。

先来看一下布鲁尔的版本。布鲁尔以"有限论"作为规则悖论的解读工具。规则并不具有唯一确定的意义，规则的"意义总是开放性终结的"[①]（open-ended），"一个规则的每一次应用不可能由其过去的应用，或由其过去的应用所产生的意义来唯一确定"[②]。因此，要理解一个规则的意义，就得引入一个新的规则来解释这个规则，而要理解这个新的规则，我们就必须引入第三个规则，如此不已，形成一种"无穷的回归"。但在现实中，这种回归并没有发生。在布鲁尔看来，这是因为规则遵循活动本质上是一个社会过程，"在原则上，一个规则的每一次应用都是可以通过谈判来解决的"，而这种谈判的根据则是"自己的倾向和利益"[③]。因此，布鲁尔的策略就是将"意义和规则'还原'为社会学现象"，其结论则是，"（1）规则就是社会规范；（2）遵循一条规则就是参与一种社会规范"[④]。就此而言，n+2数列之意义的最终形成，是靠利益等的社会因素来解决的。我们可以将布鲁尔的观点简化为：对规则的阐述与遵循规则（rule following）的活动（或实践）之间并不具有相互决定的关系，因此，我们就需要从实践之外寻找规则悖论的结束机制，对布鲁尔来说，这种结束机制就是社会。

林奇为我们提供了另外一个版本。规则的每一次使用都是语境化或索引性（indexicality）的，因此，我们必须把规则的阐述与规则的遵循活动联系起来，"我们是通过行动，而不是通过'解释'来表明我们的理解的"，规则本身就"体现在行动之中，是行动的表达，它本身就是行动"。也就是说，n+2数列的意义是在学生的数学实践中获得的，但这并不是形式数学的要求，而是我们"生活形式"的要求[⑤]。简单而

① David Bloor, "Idealism and the Sociology of Knowledge", *Social Studies of Science*, Vol. 26, No. 4, 1996.

② David Bloor, "Left and Right Wittgensteinians", Andrew Pickering (eds.), *Science as Practice and Culture*, University of Chicago Press, 1992, p. 271.

③ Ibid..

④ David Bloor, *Wittgenstein, Rules and Institutions*, Routledge, 1997, p. 134.

⑤ Michael Lynch, "Extending Wittgenstein: The Pivotal Move from Epistemology to the Sociology of Science", Andrew Pickering (eds.), *Science as Practice and Culture*, University of Chicago Press, 1992, pp. 222–224.

言，林奇认为，对规则的阐述与遵循规则的实践，是同一事物的两个方面，是一回事。

为了更加明确地勾画出两者的分歧，我们可以将两人的争论分为以下几个方面。

一　外在社会与内在实践：规则悖论之争的本体论分歧

布鲁尔对科学家与社会学家的工作进行了分工，"对于一个物理学家来说，世界是他的研究对象；对于一个社会学家来说，科学家的研究世界是他的研究对象"①。此种分工的一个前提就是，自然与社会在本体上的截然两分。布鲁尔甚至赞同，"自然在科学研究中不起作用或只起很小的作用"，"'自然事实'都是社会建构的"②。这样，在规则悖论的终结机制中，自然被排除，能担此重任的就只剩下社会了。

林奇批判传统的社会学研究丢失了某种相互作用的东西（missing interactional what），即在科学实践中所真实发生的、当下的"现时秩序"；具体到布鲁尔，他所丢失的就是这样一种情境相关的实践，他将"当下各种各样的社会实践，拉回到了某种情境无涉（context-free）的'内核'之上：规则、规范和其他的社会结构"③。正因为如此，林奇主张区分本质（quididty）和特质（haecceity）。两者虽然具有类似的含义，即"维持某事物之唯一性的东西"，但前者是一种本质主义的声明，与情境无关，后者则强调"正是这个"（just this-ness），即事物"此时此地"的状态，与情境相关。简单而言，林奇认为，社会学所关注的应该是实践，而实践并没有永恒的本质，所具有的仅仅是当下的特质，因此，我们就不能预设一个永恒的本体——不管这个本体是自然还是社会；如果说有本体，那么这个本体也仅在于各种因素（人类因素与非人类因素、社会因素与自然因素）相互作用的实践。而且，这种实践是内在性的，因为规则阐述与规则遵循

① ［英］巴里·巴恩斯、大卫·布鲁尔、约翰·亨利：《科学知识：一种社会学的分析》，邢冬梅、蔡仲译，南京大学出版社2004年版，第36页。

② Michael Lynch, *Scientific Practice and Ordinary Action*, Cambridge University Press, 1993, p. 8.

③ Ibid., p. 284.

活动是二位一体的，规则的意义也就在于实践之中。

二　是否存在假因果图景：外在主义与内在主义的认识论框架

布鲁尔的目的在于寻求一种“知识的社会理论”，因此，他的理论体系中必然存在着一种因果结构，即从社会到知识的决定关系。为了达到这一目的，布鲁尔提出了著名的因果性原则，“它应当是因果关系的，也就是说，涉及那些导致信念的各种知识状态的条件”[①]。在对规则悖论的解读中，布鲁尔同样运用了这条原则，这被林奇称为“假因果图景”（“quasi-causal” picture）[②]。我们可以将布鲁尔的论证策略分为两步：首先，在将规则阐述与规则遵循的实践分离之后，布鲁尔将学生的 n+2 的错误实践，提升到与老师的传统实践同等的认识论地位。其次，在寻找规则悖论的结束机制的过程中，布鲁尔追随了克里普克（Saul Kripke）对维特根斯坦怀疑主义的解读方式，只不过，他将克里普克的“共同体观点”换成了共识和利益等的社会因素。这种立场被贝克（G. P. Baker）与哈克（P. M. S. Hacker）称为外在主义。[③]

林奇则指出，“把数学与科学的内容定义为社会现象的结果只会导致社会学的空洞胜利”[④]，而且，如果在实践之外寻找一种因果解释，那么这仅仅是一种假因果图景，将难以摆脱一种心理主义的论证，而心理主义正是维特根斯坦所极力反对的。他的观点是，“每一个符号自身看起来都是死的”，“是什么赋予其生命？——在使用中，它才能获得生命，生命是在使用中被注入的吗？——抑或是使用就是它的生命”[⑤]。那么，既然一个句子的“生命”在于“使用”，我们也

① ［英］大卫·布鲁尔：《知识和社会意象》，艾彦译，东方出版社 2001 年版，第 7 页。

② Michael Lynch, “Extending Wittgenstein: The Pivotal Move from Epistemology to the Sociology of Science”, Andrew Pickering (eds.), *Science as Practice and Culture*, University of Chicago Press, 1992, p. 228.

③ Ibid., p. 229.

④ Ibid., p. 230.

⑤ Michael Lynch, “From the ‘Will to Theory’ to the Discursive Collage: A Reply to Bloor's ‘Left and Right Wittgensteinians’”, Andrew Pickering (eds.), *Science as Practice and Culture*, University of Chicago Press, 1992, p. 289.

就不能将其含义"依附"在某种无生命的符号之上。因此，我们所接触到的并不是孤零零的符号，而是在使用中的符号，它是我们实践的一部分；实践就是规则使用的全部，规则与实践之间是一种内在关系，规则的基础也应该从内在于自身的实践中去寻找。同时，也只有将规则与其扩展（实践）之间的关系看作内在关系，才能解决认识论上的谜团[①]。这是一种新的内在主义的观点。

进而，与这种认识论策略相对应，两者在研究进路上也表现出了规范主义与描述主义的对立。布鲁尔的因果结构，必然要求他寻求一种规范性的解释资源（社会），这样，规范主义的研究进路就不可避免。而林奇则认为，规则的应用具有索引性，也就是偶然性和情境性，因此，某种客观性的理想（甚至是规范性的解释）就绝对不可能达到，这就需要我们对各种索引性的故事进行情境性的描述；同时，实践具有内在的整体性，如果我们能够通过描述去把握这种整体性，也就不需要任何其他的解释资源了。由此，林奇发展出了自己的描述主义立场。

三　观点的共识与默认的共识：通往社会与通往实践的道路

在布鲁尔的论证中，要打破多种相互竞争的规则遵循活动之间的竞争死结，就要引入参与者的共识同意。马尔柯姆（Norman Malcolm）在分析了维特根斯坦一些未发表的手稿后也指出，规则并不能决定任何事物，除非是在一个相当共识的场所之中。当共识缺失时，规则似乎就成了无根之木，表述规则的语词也将是无力的、无生命的。克里普克也将规则悖论的终结因素归为"共同体观点"。布鲁尔追随了他们的怀疑主义策略，其最终目的是要引入社会因素。然而，林奇认为，这种共识论是对维特根斯坦的误读。

林奇指出，维特根斯坦确实也曾讨论过"共识"与"共同体观点"的作用，也指出共识决定了什么是真实的、什么是虚假的。但这与布鲁尔等人所讲的共识有根本性的不同。维特根斯坦认为，共识是

---

① Michael Lynch, *Scientific Practice and Ordinary Action*, Cambridge University Press, 1993, p. 173.

人们在语言的使用中、在游戏进行过程之中达成的；这里的共识，"并不是意见上的共识，而是在生活形式中的共识"，是一种"默认的共识"，"行动中的共识"，"只能是根源于一种场所，其中有一群人，他们过着普通的生活，使用一种共同的语言"①。因此，林奇认为，布鲁尔对他的批判②混淆了"意见的共识"与"生活形式中的共识"，后者表现在"我们活动的真正和谐之中"，是人们的行动与情感在关注并解释错误与失调的过程中所奏响的一组乐章。我们难以将这种"默认共识"从实践中分离出来，因为它在社会秩序中如此彻底，无处不在。也就是说，在实践中，存在着一致与共识，它们当然也是一种社会的产物，但它们只能是与实践同在，而不能超越于实践。如果将共识、约定从实践中抽离出来，并作为一种致因因素，这就违背了维特根斯坦生活哲学的主旨。

简单而言，"布鲁尔和 SSK 代表了知识研究的一个分支，即知识是经典的理论化社会学之变量的一个函数；林奇和常人方法论则代表着对实践活动的一种精致探讨，旨在通过实践的内在有机性来把握实践，并且挑战任何置身于科学实践和科学知识之上进行理解的学科霸权"③。上述分歧反映出了两者解读框架与哲学基础的根本性差异。

第二节　两种版本的原因分析

我们有两种方式来继续我们的讨论，一是以维特根斯坦的思想为框架，具体分析布鲁尔与林奇两人的思想，看谁是真正的维特根斯坦主义者。这种分析是有必要的，但在此我们并不想采用这种方式，因为对于维特根斯坦的思想，哲学家们的论著已是汗牛充栋，读者选取

---

① Michael Lynch, "From the ' Will to Theory' to the Discursive Collage: A Reply to Bloor's 'Left and Right Wittgensteinians'", Andrew Pickering (eds.), *Science as Practice and Culture*, University of Chicago Press, 1992, p. 289.

② 布鲁尔认为，林奇自己使用"默认一致"，却反对他使用"共识"的说法，这是自相矛盾的。参见 Bloor. 1992.

③ Andrew Pickering, "From science as knowledge to science as practice", Andrew Pickering (eds.), *Science as Practice and Culture*, University of Chicago Press, 1992, p. 17.

其中的一些著作，很容易就能够比较出两者采用了何种的解释学方法。[①] 二是布鲁尔和林奇都曾指出，他们的工作在于对维特根斯坦的思想进行经验性的扩展，并不仅仅是看谁最能够保持维特根斯坦的原意。很明显，他们的目的就是以科学知识社会学和常人方法论的视域来解读维特根斯坦，从中找出其可以利用的学术资源，为自己寻找哲学辩护。因此，我们认为，更好的方法是去分析他们的解读框架及其所援引的哲学基础。

一　两者解读框架的不同，导致其学术视角的分野

布鲁尔社会学分析的根本出发点在于解决认识论的“基础危机”（实在论与反实在论之间的争论），其基本思路是，维持自然与社会在本体论上的两分状态，并以对称性原则打破认识论上正确与错误之间的界限（认识论相对主义）。很明显，布鲁尔采用了一种彻底的二元论的分析框架，即实在论与反实在论，二者取其一。其论证策略可以分为两步。首先，作为社会学家的布鲁尔，采用自然主义的研究方法介入了科学“发现的语境”之中，打破了自然对科学那无力的辩护（自然是哑巴，它并不会对科学是否反映其自身做出辩护），同时，自然主义的经验研究也使得社会学的分析具有了现实的说服力。由此，自然实在论的宏大叙事就让位于社会学的现实分析。但要注意，布鲁尔虽然反对实在论，却并不反对实在论的思维方式（为科学寻找一个绝对的、外在的基础），在自然被排除之后，在二元论的本体论前提之下，布鲁尔的下一步就只能将科学的实在根基奠定于社会之上。这样，自然的宏大叙事被社会的宏大叙事所取代，自然实在论也就被社会实在论所取代。

林奇的分析框架在某种程度上脱离了本体论的纠缠，而主要体现在认识论领域，即我们的分析策略是传统的基础主义、本质主义、规范主义还是反基础、反本质的描述主义。他认为，传统的社会学理论的规范策略，其任务就是为科学寻找一个脱离了具体语境的本质，其

① 许多哲学家对维特根斯坦的解读是与林奇相一致的，参见 Finch, Henry L. R. 1977; Hacking, Ian. 1984。

目的则是要建立一种知识的社会理论，即将知识的基础奠定在社会之上。这样一种分析思路与常人方法论的日常分析是相悖的，因为日常分析最大的一个特点就是关注知识的情境性与索引性。因此，林奇所采用的是一种具有极度情境敏感性的描述策略，其任务就是描述出科学研究的具体过程之中所发生的事情，而尽量减少我们的解释。这样，布鲁尔的实在论/反实在论的分析框架使他走向了社会实在论，而林奇的规范主义/描述主义的分析框架，则使得他走向了科学实践。

二　激进曼海姆主义的布鲁尔与生活哲学传统的林奇

对布鲁尔而言，他用一种激进的曼海姆主义对规则悖论进行了怀疑论的解读。首先，布鲁尔对曼海姆进行了两点修正。第一，在曼海姆那里，一方面是因为受实证主义思想的影响，另一方面则是为了摆脱反身性的悖论，曼海姆排除了对自然科学进行社会学研究的可能。布鲁尔的对称性则打破了这种认识论上的不对称地位，将社会学研究推进到了数学和自然科学领域。第二，曼海姆主张某种关系主义（relationism，我们可以视之为一种弱相对主义），并对关系主义与相对主义作了区分：关系主义认为所有的知识都是相对于情境而言的，而相对主义则主张任何知识都应该被怀疑。布鲁尔的社会实在论，实际上就是用一种激进的相对主义代替了曼海姆的关系主义。这样，布鲁尔就将经典社会学的理想，与维特根斯坦对数学的分析结合起来，其结果必然是忽视维特根斯坦思想中生活哲学的维度，而将其推进到了社会学相对主义的立场之上。可见，布鲁尔仅仅是在曼海姆与维特根斯坦之间，建立了“一场想象中的对话”①。

在林奇对科学的常人方法论研究中，他认为“常人方法论并没有一个一贯的基础”，也不需要为其寻找某种“古典的”或者“基础性的”文本或纲领作为根基。② 胡塞尔对数学化的自然科学之实践基础的讨论，维特根斯坦对“生活形式”的分析，原型常人方法论（protoethnomethodolgy）对技术活动的“场所性产品”的分析，都为其提

---

① Michael Lynch, *Scientific Practice and Ordinary Action*, Cambridge University Press, 1993, p. 50.

② Ibid., p. 341.

供了思考的灵感。林奇综合这些思想，并将之运用到对科学实践的分析之中。他将常人方法论界定为“场所性的（local）经验研究”[①]：面对微观的社会现象，采用一种后分析的（postanalytic）方法“考察社会实践与人们对实践的说明之间的谱系关系”[②]。很明显，“场所性”是为了将科学界定在具体情境之中，“后分析”则是为了保证其描述立场。也正是在此意义上，林奇自称为“后建构主义的常人方法论”。这样，常人方法论必然会走向对“即时”科学实践的分析。

第三节　作为表征的科学与作为实践的科学

由上文分析可见，布鲁尔（SSK）与林奇（后SSK）在本体论前提、认识论策略和科学观上都有着根本的不同。如果说科学知识社会学代表了科学哲学的“社会学转向”的话，那么，后SSK（包括林奇的常人方法论）的研究则代表了一次新的转向，即实践转向。具体而言：

从本体论的角度来看，SSK仍未摆脱康德式的自然与社会的二分状态，它总是试图在自然与社会之间选择一个绝对的基础。“在一般意义上，这种思维方式是现代思想的核心”[③]。它在认识论上坚持对称性，在本体论上却极端不对称，自然被抛弃，社会极取代自然极成为科学的根基。而实践学派打破了诸如主体/客体、自然/社会之间的根本界限。在他们的理论图景中，不存在任何优先的力量，主体/客体、自然/社会都成为科学实践中的行动者。人、观念、仪器等在实践中彼此博弈，共同生成性地建构了科学。卡伦和拉图尔的混合本体论[④]，皮克林的“后二元论”的本体论[⑤]，都是如此。对林奇而言，则是用“实验实践”分析了在实践制造或社会制造的实验中的活动，

---

① Michael Lynch, *Scientific Practice and Ordinary Action*, Cambridge University Press, 1993, p. xx.

② Ibid., p. 1.

③ Andrew Pickering, “From science as knowledge to science as practice”, Andrew Pickering (eds.), *Science as Practice and Culture*, University of Chicago Press, 1992, p. 7.

④ Michel Callon & Bruno Latour, “Don't Throw the Baby Out with the Bath School”, Andrew Pickering (eds.), *Science as Practice and Culture*, University of Chicago Press, 1992, p. 347.

⑤ ［美］安德鲁·皮克林：《实践的冲撞》，邢冬梅译，南京大学出版社2004年版，第22页。

并将之作为常人方法论分析的根本出发点。后 SSK 并不需要本体论的预设，相反，其“实践转向”仅仅关注“需要描述的情境性现象”①，也就是，任何现象都是情境性的，不可能有一个永恒不变的本体或者本质。

从认识论策略上看，布鲁尔坦言，“对于社会学家们来说”，“他们所关注的将是那些似乎在他们的研究材料范围内发挥作用的规律性、一般原理或者过程的地位。他们的目标就是建立可以说明这些规律性的各种理论”②。因此，其认识论策略就是，“揭开表象的面纱，以描述其背后的因果结构，这一结构本身是不可见的，也不能被直接地考察，但却是可见的现象产生的原因。”③ 正如林奇所言，“它从来没有放弃寻求超越或隐藏在遵从规则实践之下的解释因素的努力”④。简单而言，其策略就是预设一个本质，然后透过现象以期能抓住这一本质。与之相反，常人方法论所关注的是仅仅可见的东西，关注科学的实际运行过程，并不去寻找表象背后的隐藏秩序；各种因素包括被逻辑实证主义绝对化的物质力量、被 SSK 绝对化的社会学因素，都内在于科学实践，不存在具有主导地位的单一要素。林奇认为，规则的阐述、理解与遵守规则的活动都是内在于实践的，或者说，实践本身就具有了内在完整性，因此，社会学家的任务也就仅仅是描述科学实践，停留在现象界。正是在此意义上，林奇说，“与其说是试图根据潜在的倾向、抽象的规范或利益来解释实践，不如说社会学的任务将是描述那种构成实践的行动整体。这正是常人方法论所寻求的内容”⑤。

---

① Michael Lynch, “Extending Wittgenstein: The Pivotal Move from Epistemology to the Sociology of Science”, Andrew Pickering (eds.), *Science as Practice and Culture*, University of Chicago Press, 1992, p. 162.

② ［英］大卫·布鲁尔：《知识和社会意象》，艾彦译，东方出版社 2001 年版，第 4 页。

③ Andrew Pickering, “Time and A Theory of the Visible”, *Human Studies*, Vol. 20, No. 3, 1997.

④ Michael Lynch, “Extending Wittgenstein: The Pivotal Move from Epistemology to the Sociology of Science”, Andrew Pickering (eds.), *Science as Practice and Culture*, University of Chicago Press, 1992a, p. 228.

⑤ Michael Lynch, “From the ‘Will to Theory’ to the Discursive Collage: A Reply to Bloor's ‘Left and Right Wittgensteinians’”, Andrew Pickering (eds.), *Science as Practice and Culture*, University of Chicago Press, 1992b, p. 290.

在科学观上，双方反映了表征主义的静态知识进路与操作主义的动态实践进路之间的区别。在前者看来，科学仍然是知识、是文本，是对某种外在实在的表征；这实际上仍然是一种静止的表征主义科学观，与传统科学哲学的思维方式无异，其结果便是陷入了"认识论的恐惧"（伍尔伽语）之中，即对科学是否表征了社会或自然的恐惧。而林奇则在对"本质"与"特质"的区分中，突出了对科学的操作性语言的描述。与前者不同，操作性语言主要关注过程、情境以及现时秩序等特质，或者说，就是去找回林奇所谓的"丢失了的相互作用的东西"。这种操作主义，一方面规避了表征主义的难题，巧妙地避开了"认识论的恐惧"，另一方面，则将我们引向一种更为精致的科学实践。这样，科学就不再是固定不变的知识，而是一种人与自然和社会相互作用的特殊的生活方式，在对这种生活方式的描述中，一种动态的实践科学的概念得以浮现。

结束语

综合而言，在规则悖论之争中，双方的分歧主要体现在对规则、实践与社会之间关系的理解上，这些分歧集中反映了建构主义的实践转向。这种转向具体表现在：本体论上，SSK 主张一种基础主义的社会实在论，后 SSK 则关注作为各种因素相互作用场的科学实践；认识论上，SSK 采取规范主义进路，试图寻找科学知识背后的社会根基，而后 SSK 则采取描述主义进路，关注科学的情境性与索引性；科学观上，SSK 因循表征主义传统，主张科学的表征本质，而后 SSK 则采取操作主义策略，关注科学的实践特质。正是在此意义上，皮克林指出，"删除社会建构中的 K，是因为在新的科学图景中，主题是实践而不是知识；删除第一个 S，是因为在对科学实践和科学文化的理解中无须赋予社会性因素以致因优势"①。

① Andrew Pickering, "From Science as Knowledge to Science as Practice", Andrew Pickering (eds.), *Science as Practice and Culture*, University of Chicago Press, 1992, p. 14.

第三篇

以本体论对称性原则为基础的逻辑重构

第六章　科学实践哲学："本体论对称性原则"下的综合

1992年，皮克林主编的《作为实践与文化的科学》出版后，科学哲学出现了"实践转向"，标志是拉图尔等人提出的"行动者网络理论"、皮克林的"冲撞理论"、劳斯的"研究实践的动力学"、哈拉维的"赛博体技科学观"等。上述研究进路的共同特征是，清楚地认识到主流科学实在论与社会建构论的基本立场的极端性，力图通过对"科学实践"的突出强调，达到两者的适当整合，以实现对两者的超越。

"科学实践哲学"，顾名思义，就是从"科学实践"——科学家的实验室活动或田野研究，而非"科学理论"，去研究科学知识的建构及其哲学问题。由于"科学实践"本身涉及多维度的活动，因此，科学实践哲学一开始显示出一种跨学科的研究特征。

尽管科学实践哲学开始表现出强大的学术生命力和社会影响力，但仍然存在诸多问题。从理论视角来看，当下科学实践哲学的主要问题是，虽然科学实践哲学的共同特点是采用自然主义的研究途径，但从整体而言，各主要流派并未表现出紧密的理论关联性。产生这一现象的主要原因有以下两点。（1）理论视角的多元化导致彼此理解的不充分性或误解，例如拉图尔理论的背景是符号学与尼采哲学、皮克林则采用了美国的实用主义、劳斯采用库恩与海德格尔的解释学、哈金采用福柯的历史本体论、林奇采用胡塞尔的现象学与伽芬克尔的常人方法论、道斯顿等人采用的法国的巴什拉的历史主义科学哲学、哈拉维采用了怀特海过程哲学、海尔斯采用梅洛－庞蒂的现象学。（2）不同的学术背景，也导致他们研究对象的多样化。例如，拉图尔与哈拉维关注生物学，皮克林、林奇与哈金关注实验室的物理学，劳斯关注对科学哲学的“实践重构”，道斯顿等人关注“科学的实践史”，海尔斯关注于人工智能。由于当代科技的复杂特点，相关对象的经验研究是一项耗时耗力的工作，再加上理论视角的多元化与研究对象的多元化，这就导致现有的“科学实践哲学”在整体上显现出一种离散的状态。

正如加拿大科学哲学家、SSS 杂志的主编西斯蒙多指出，科学实践哲学的当下发展，面临着一个整合性的机遇。本章从“本体论对称性原则”出发，对科学实践哲学的诸流派进行逻辑梳理与重构，尝试综合成一个较完整的图景并探索其哲学意义。

第一节　我们对世界的建构

一　本体论对称性原则

在传统科学哲学中，主客二分法的表征主义镜像哲学哺育了一大批流派，包括逻辑实证论、批判理性主义和历史主义，社会建构论也未能跳出这一窠臼。传统科学哲学预设了一种形而上学的前提，即理想的科学方法能消除实验室的地方性，是科学达到普遍性的有效途径。然而，所有这些消解“知识的地方性”的做法最终却又以另一种认知主体的形式出现，即“主体设置的客观性认知概念”（Rouse语）。也就是说，所有地方性的情境因素都可以通过“普遍的方法论规则”而被过滤掉，这种规则填补了知识的地方性与普遍性之间的鸿沟。但实际上，这些方法论准则都是主体的设置。这种做法类似于奎因所说的“语义上行”（semantic ascent），即把“所谈论之物”等同于“对物的谈论”。这样，针对科学理论的普遍性问题，“语义上行”将之推进到了元层次，只问普遍性成立的方法论理由，而不问普遍性与对象之间的关系。而这些好的理由，就是传统科学哲学所说的“普遍的方法论规则”，各主流的科学哲学流派都持此种立场。

社会建构主义提出了另外一种进路。布鲁尔在《知识和社会意象》一书中用涂尔干的社会结构（利益）取代了康德的自我，要求用同样的社会学术语来对称性地解释科学的真理与谬误。这是对传统科学哲学的一个突破。然而，方法论对称性原则的这种成功掩盖了布鲁尔的另一种不对称性，即社会取代了自然，成为科学知识及其普遍性的根源，知识成为对“社会”本体的反映，变成“社会之镜”。结果人们发现，所有这些科学知识及其普遍化居然都像政治斗争一样，由社会利益所决定的，科学理论成为偶然的社会互动和利益争斗的结果，而不是自然或理性的产品。如夏平就认为近代科学是在波义耳的权力与修辞中诞生的，其普遍性根源于这种权力与修辞，并在17世纪英格兰社会的绅士文化中得到了进一步的强化。

上述科学哲学主流学派与社会建构论的共同问题在于：(1)他们将视角聚焦于科学知识，认为科学知识是解释科学合理性问题的中心；(2)共同假定知识是反映论意义上的表象。在科学哲学那里，科学是“自然之镜”，而在社会建构论那里，科学变成了“社会之镜”。这些都是劳斯所称的“普遍性的合法化方案”，即这些相互竞争的不同解释都在为科学知识的合法化提供一种普遍的原则；(3)把科学变成没有历史感的木乃伊（Ian Hacking 语）。科学哲学把科学知识变成“方法论傀儡”，而社会建构却把科学打扮成“社会傀儡”，使自然的历史性始终未能进入哲学的视野，科学不具有自己的独特生命，更没有自己的生成、演化与消亡的历史；(4)使实在论与反实在论之争成为无果之争。要解决这些问题，我们需要从表征走向干预、从知识走向实践。

为了摆脱科学实在论与社会建构论的两个极端，1992年拉图尔、卡隆与柯林斯、耶尔莱之间爆发了著名的“认识论的鸡”之争，1999年，拉图尔与布鲁尔之间爆发了“对称性原则”之争。这两场争论的焦点是坚持布鲁尔的“方法论的对称性原则”，还是坚持拉图尔的“本体论的对称性原则”。前者坚持科学的社会建构，把科学视为对科学共同体利益的反映。后者要消除传统哲学中主客的截然二分，要在人类与非人类之间保持对称性态度，坚持从两者的本体混合状态，即从一种“人类和非人类的集体”[①]中去追踪科学的实践建构。由于它强调在本体论的实践舞台上去追踪科学的建构，思考科学

---

① Bruno Latour, *Pandora's Hope*, Harvard University Press, 1999, p. 174.

的哲学问题，因此这一原则又被称为“本体论对称性原则”。

这种人类与非人类的集体，在实验室生活中表现为“自然—仪器—社会”的聚集体。这实际上就是当代后戴维森主义（post-Davidsonian）的实用主义者，如麦克道威尔、布兰顿所提倡的塞拉斯式（Sellarsian）的因果关系空间，这是我们与世界的“遭遇”的行动空间。

二　行动者网络理论与冲撞理论

（1）在“本体论对称性原则”的基础上，拉图尔等人提出了行动者网络理论（ANT）。为对称性地看待人类与非人类，拉图尔用自创的一个术语 actant（泛指人类或非人类行动者）替代了 actor（人类行动者）。众多 actants 联合行动就会结成一个网络，网络形成的内在机制是转译（translation）。“转译”是 ANT 的一个关键术语，它是指一个行动者为建构一个事实，必须通过磋商、征募等手段，经过一系列的转译，让所有的行动者都意识到必须要建立一个联盟，即一个行动者网络，以建构出科学事实。最具代表性的例子是卡伦对法国圣布里厄海湾养殖扇贝活动的研究。科学家为了成功地养殖扇贝，必须运用磋商、征募与动员的手段，把自己的学术兴趣转译成渔民经济利益、扇贝的生存利益，以形成一个网络，使扇贝按科学家的期望生长。如果其中任何一个节点出问题，如渔民与科学家之间起冲突，把还未完全成熟的实验扇贝捞起来出售，这网络就坍塌，科学实验就失败。卡伦这个例子想表明的是科学研究“依赖于一种社会与自然之交织态的相互关系的复杂网络”[①] 网络实际上就是转译链。ANT 是在本体论的舞台上思考科学及其知识的建构问题，这是拉图尔科学哲学的一个显著特征。最简单的理解就是科学不再是知识，它成为一种现实的转译链，一种内在于科学实践中的运动。它将对象、科学仪器、科学家共同体、其政治和经济上的盟友、大众的地方性知识与科学概念

① Michel Callon, “Some Elements of a Sociology of Translation: Domestication of the Scallops and the Fishermen of St Brieuc Bay”, John Law (ed.), *Power, Action and Belief*, Routledge & Kegan Paul, 1986, p. 201.

联系起来，形成一个不断转译中的体系，这种转译的连续性保证了科学事实的实在性。如果这一链条在某处发生断裂，那么，科学事实将会丧失其实在地位。科学就是一种转译链所形成的行动者网络，这是一种本体论意义上的实践，网络就成为科学的实存方式。

（2）皮克林的冲撞理论。[①] 拉图尔是用符号学的方式来看待本体论对称性原则，从而把人类与非人类（研究对象与仪器）混为一谈。皮克林不满这种符号化特征，提出“局部对称性原则”，这一原则认为，在科学实践中“自然、仪器与人”三类因素无一者处于绝对中心地位，这一点符合“对称性”。但皮克林同时强调物质力量与人类力量之间并非完全等同。利用这一原则，皮克林对科学实践进行“冲撞”式辩证分析，用历时性分析替代拉图尔的共时性分析，强调“瞬时涌现”的概念，认为科学事实是在人类与物质之间力量的冲撞中涌现出来的，具有不可预测的演化趋势，使时间与历史真正进入科学实践。同时，正是由于皮克林看到了人与物质之间的差异，使他关注到一种新本体——赛博体，一种自然界和非自然界之间界限消解之后出现的“自然—人—机器”混合本体（如身体的基因改造），并认为这三者之间是一种共生与共演的关系，这就是他的“辩证的新本体论”——人类力量和物质力量之间共生、共存与共演的生成本体论。

不过，在思考“科学实践本体论现场”时，皮克林与拉图尔一样，持有“混沌性原则”，把实验室中的科学活动视为铭写、技术装置和具体技能之间的随机拼凑，是一种混乱与无序的组合，科学家成为一个对随机因素进行胡乱拼凑的修补匠，结果使实验室科学陷入认知的泥淖。毫无疑问，这种工作批判了科学合理性的神话教条，但却彻底抛弃了科学的内在合理性和实际科学活动的稳定性。尽管这里强调了“实际的”科学活动不能“完备地”证明自身的合理性，但它完全无法终结有关科学探究的理性基础和自然基础的争论，因为这些议题重弹了哲学相对主义的老调，模糊了科学与非科学的界限。当各种社会因素直接进入科学内部时，科学的理性规则就会失去本该有的制约作用，哈金认为这是建构主义的首要症结。因此，如何恢复科学

---

① ［美］安德鲁·皮克林：《实践的冲撞》，邢冬梅译，南京大学出版社2004年版。

的合理性，就成为后继的科学实践哲学思考的一个重要出发点，走向了科学合理性的生成论哲学。

三　本体论对称性原则的批判性发展

（1）劳斯的“研究实践的动力学”[①]，目的是要从语用学的角度理解科学合理性。劳斯提出的“知识联合体”（epistemic alignments）概念，类似于本体论对称性原则中的“自然—仪器—社会的聚集体”，主张知识是异质性要素的联合体，这种联合体的形成与扩展充满着权力与阻抗，劳斯强调了这种联合体在实践的动态发展中的开放性。任何一个知识联合体都是历史性的、语境化的，这种历史性和语境化既面向过去，又立足当下，也蕴含了将来发展的前景和机遇。各门科学也都具有历史性，科学知识成为实践中各种要素的机遇性联合的开放性驻足点。在研究实践的动力学中，劳斯提出了对真理的紧缩论说明，认为科学实践并不需要所谓“真理”的理论来辩护，因为“真理”一词的意义就是来自一个有用的语言实践之中。这种紧缩论真理观的目的在于保持科学场自身的合理性。

（2）林奇的常人方法论[②]在讨论传统的认识论主题，如观察、测量、理性、解释和表征时，不是去寻求一种认识论的或者认知的纲领，而是研究这些术语在实验室中“自然—仪器—社会的聚集体”的活动中的“显现”。用林奇的话来说，就是把认识论主题转变为“认识论话题”。不像寻求一种普遍的方法论原则的传统科学哲学，也不像放弃关于科学合理性问题的ANT，常人方法论研究用一种“自然观察的基础”去填补科学文本与科学实践之间的裂缝，其目的是要考察科学发现和数学证明是如何产生、如何从实验室活动的生活世界中“提升”出来。实验室活动中充满着各种“操作研究对象的具身性秩序”，它表现为实验对象、仪器与实验者的具身性活动之间的对称性的协调与适应。通过演示—证明机制与社会共识机制，这种实验秩序

---

① ［美］约瑟夫·劳斯：《涉入科学：如何从哲学上理解科学实践》，戴建平译，苏州大学出版社2010年版。

② ［美］迈克尔·林奇：《科学实践与日常活动》，邢冬梅译，苏州大学出版社2010年版。

最终会被提升为"数学或形式化理论"。林奇的目的在于让科学的合理性重返实验室的日常活动之中，向人们表明在科学的日常行动中，如何重新合理地刻画科学哲学中合理性主题。这种研究既不是解释性的，也不是基于所谓传统科学哲学中规范性科学方法，而是基于共同体对专业语言的直觉性把握，基于实验技能与科学推理如何具身在一个共同体的使用惯例之中，基于学科范式对自身内部独有历史的承载与认同。科学的常人方法论研究开启了从内部实践，从科学本身的客观逻辑来理解与言说科学，在反本质主义、反基础主义的前提下，回归科学的合理性与客观性的路径。

（3）哈金的"实验实在论"认为，科学的稳定性正是许多要素，如数据、理论、实验、现象、仪器、数据处理等之间机遇性博弈的结果。这种稳定性体现了本体论对称性原则的基本精神。"当理论和实验仪器以彼此匹配和相互自我辩护的方式携手发展时，稳定的实验室科学就产生了。这种共生现象是与人、科学组织以及自然相关的一个权宜性事实"[①]。理论的成熟总是关联着一组现象，我们的理论、研究、测量现象的方式，在相互培育中相互界定。哈金对于科学稳定性的解释是：当实验科学在整体上是可行的时候，它倾向于产生一种维持自身稳定的自我辩护结构。作为成熟的实验科学，它已经发展出一个其理论形态、仪器形态和现象界之间可以彼此有效调节的整体，科学的合理性与客观性就是实验室自我辩护的产物。基于早期实验室研究的工作，哈金后来提出了"历史本体论"，主要目的在于对科学对象的命名系统的起源与变迁给予一种历史的说明，用不断更新的命名范畴去描述对象之所以成为"科学的"的生成与演化过程，追踪了科学对象独特的历史踪迹，把科学对象的生成、演化与人类历史，特别是人类在其长期科学发展中形成的思维风格联系在了一起。哈金由此走向了福柯，提出了历史本体论。[②] 哈金通过福柯的知识、权力和伦理三条轴线，探索科学的形成与客观性观念的起源。它关注的是现

---

① ［加］伊恩·哈金：《实验室科学的自我辩护》，载［美］安德鲁·皮克林《作为实践和文化的科学》，柯文、伊梅译，中国人民大学出版社2006年版，第46页。

② Ian Hacking, *Historical Ontology*, Harvard University Press, 2002.

存的客体、主体与思想何以在历史中成为可能。他把这种可能性归结为思维风格。哈金借鉴了科学史家克龙比（A. C. Crombie）提出的欧洲科学的六种思维风格——数学的、实验的、假说的模型化、分类的、统计的和历史—起源的思维风格，哈金认为只有在这六种思维风格（权力）中所从事的研究自然的活动及其结果才能被称为科学(知识)，并且只有掌握了这些思维方式的人才有资格被称为科学家(伦理)。这就是主流科学的范式。也就是说，只有在这六种特定的思维风格中，客体才能成为客体；也只有在特定的认识形式中，知识才能成为知识。思维风格最终成为我们时代客观性的历史之根。

（4）历史认识论：以道斯顿为首的德国马普科学史研究所继承并发扬了法国科学哲学传统，从科学史角度去探索认识论，特别是认识论问题的起源。在分析认识论的基本概念，如知识、证据、客观性等时，受分析哲学的影响，主流的英美科学哲学探索的什么样的知识命题是科学的，知识命题的理性特征是什么。而在法国传统中，认识论是指在什么条件下，利用什么样的手段，物被建构为科学研究的对象。它关注于产生与维系科学知识的过程。这意味着研究视角的转变，即放弃了思考概念与对象的关系，转向思考对象何以能成为研究对象的起源问题。因此历史认识论反对实证主义，主张把思想史融入科学实践史，即在思想、工具、自然、文化等异质性要素之间对称性冲撞的历史中思考认识论问题。

认识论的研究，首先是以研究对象何以存在的本体论为前提。在传统的科学哲学中，对象被禁锢在实在论与建构论的争论之中。实在论的图景把科学对象描绘为一种等待着科学家去开发的、未知的，预先就存在的对象组成的永恒世界。根据实在论的观点，人们只能谈论科学发现的历史，而不能谈论科学对象的历史。而建构主义主张科学对象是被发明的，是在历史与社会语境中塑造出来的。这些语境可能是知识的或制度的，文化的与哲学的。根据建构主义的观点，科学对象突出特点是其历史的，但不是真实的。在许多争论之中，自然与文化之间的对立被还原为真实与建构之间的对立。但这里争论的要点是科学对象的概念属于什么样的范畴（它们是真实的或建构的?），而不是科学对象本身。历史认识论关注于科学对象本身的起源与演化的问题，它并不预设一个先于认识的客观实在，更不会把对象视为文化傀儡。而是在科学实践的历史中，关注如何通过实验室活动，把一组未知的，被忽视的自然现象转化为一个科学对象。这是考察科学对象，科学概念的生成、演化或灭亡的过程，考察那些从科学家实践中突现或消失的对象所组成的动态世界。这就把认识论的问题和科学史联系在一起，科学合理性就根植于科学实践史之中。这样，科学对象既是真实的也是历史的，其真实性与历史性依赖于其融入科学实践与思想的程度。他们详细研究了 17 世纪至 20 世纪的化学、物理学、生物学等的“实践史”，追踪科学对象的生成与演化的踪迹，为科学对象写传记（biographies）。[①] 认为自然的所为、仪器的所做与科学家的所做，对称性地交织在一起，冲撞出不可预测的、具有演化特征的科学对象与理论。为本体论对称性原则提供了丰富的历史论据。

第二节　世界对我们的建构

拉图尔的符号化对称性原则使他无差异化地对待人类与非人类的力量，这使他忽视了主体性问题。对主体性问题的重新思考，将科学哲学引向了后人类主义的道路。

一　海尔斯的后人类主义

在本体论对称性原则中，科学事实是自然—仪器—人的耦合结果，一种人与物的混合本体。与此相应，作为主体一方的人类在这种耦合关系中也会发生改变，人也成为一种自然—机器—人的耦合结果。这是因为我们在改变世界的同时，世界也以同样的方式重塑着我们。这类耦合结果通常被称为赛博体。例如，人们开始利用技术重塑身体。美国加州大学伯克利分校的计算机及人类工程实验室发明的“伯克利下肢外骨骼”（berkeley lower extremity exoskeleton）就是借助机械辅助装备来拓展和加强人体的负重及承受能力。当今高度发展的

---

① Lorraine Daston (ed.), *Biographies of Scientific Objects*, The University of Chicago Press, 2000.

网络世界、虚拟技术、机器人、赛博时空、电子人、基因工程、克隆技术、器官移植、试管婴儿、激光整容术、变性手术等极富想象力的高难度科技手段，正在日益消解人与物的二元对立范畴。从哲学上思考“赛博体”，这就使我们进入后人类主义（posthumanism）。继后结构主义后，后人类主义是近年来的另一种重要“后学”。后结构主义并不具备某种统一的含义，通常是由福柯、德里达等人发展出来的一系列理论的笼统总称。后结构主义者的理论虽然各异，但却共同具有某些关联特定语言、话语与主体的基本前提。这些前提形成一种方法论。西方哲学的传统，从启蒙运动开始都是以人为中心，其主体哲学认为只有人才是认识、权力和价值的主体。这一根本前提也是所有西方文化、哲学、科学、政治制度、社会制度的基本精神。他们认为“人是思维的主体”，这样一个前提是自明的，这个主体透过理性工具，达到对世界的认识并改造世界。后结构主义颠覆这样的前提，它认为主体性不是与生俱来的，而是社会建构的。后结构主义的著作基本上都是批判西方哲学、政治及社会组织中所预设的“一种独特的、固定并连贯的本质，而且这个本质使她（或他）成为她（或他）所是的那个人”。摒弃这种人类主义的本质论，后结构主义预设了一种去中心的、去稳定的以及生成的主体。在某种意义上，后结构主义意欲打破西方传统哲学中一切人为前提的二元对立范畴，颠覆必然的普遍结构以及一切先验范畴所指的中心地位。与后结构主义类似，后人类主义也在质疑自启蒙运动以来人类理性及主体的建构等问题。然而，当后结构主义对西方哲学中的人类主体地位进行解构（如福柯认为主体本身就是话语的结果），以达到“去人类中心化”（decentering the human）的目的时，却把社会制度视为塑造人的基本手段。如福柯在《何为启蒙》一文中两次提到“我们自身的历史本体论”，意指我们是依据知识、权力和伦理三条轴线，在现代性历史中塑造了我们自己。而在《规训与惩罚》一书中，福柯讨论了大量作为现代性象征的“全景敞视式建筑”（如医院、学校等各种作为工具的权力轴）对人的“纪律规训”（把人纳入某种知识范式），从而塑造出现代意义上的人（伦理轴）。在这三条轴中，福柯遗忘了自然及其科学技术对人类的塑造作用，因此是不对称的，带有较强烈的社会建构论的特征。为此，后人类主义因此强调"去人形中心化"（De-anthropocentrizing），即让人与物置于同等的"本体对称状态"。这符合当下高科技社会的状态。在高科技发展的今天，人体器官可以借由科技的结合，并由此延伸演化出各种新物种。这样，身体由传统生物学意义上的"固定本体"转变为具有灵活多变性的存在。因此，在当代高科技条件下，人进入了"后人类"赛博空间，其中，人类不再是均质的单一生物学意义上的个体，而是可以转变为具有多元、异质的不同身份。后人类主义思潮在技术和科学进步前提下对人类物种本身的反省，也彰显出人类日益技术化的当代发展趋势。

在人与物的关系中，另一个极端是片面强调物的作用，忽视人的作用，使对称性破缺。人类日益技术化带来了"技术是否可以取代人类"的争论。持肯定态度的离身性（disembodiment）的后人类主义认为"哲学总是将自身认为是首要涉及思想、概念、理性、判断的学科——也即是说，涉及那些通过心灵的概念形成的术语，这些术语排斥或者排除了对于身体活动的考虑"①。离身性的后人类主义强调身体是生命次要的附加物，生命最重要的载体不是身体本身，而是抽象的信息或者信息模式。海尔斯批判这种去身体活动的后人类主义，强调具身性（embodiment）的后人类主义，认为我们不能离开科学家的具身性活动去理解科学技术，更离不开具身性活动得以展开的实践世界。保持人与机之间的对称态，就会使具身性活动成为人与机器的分界线。正如海尔斯指出："人类已经进入了与智能机器的共生关系之中，有人声称人类将被智能机器代替。然而在人类与智能机器的无缝连接之间存在着某种限度，人类自身的具身性使得这个限度维持人类与智能机器的不同。"②

二　哈拉维的技性科学

技性科学（technoscience）一词常被用来描述当前科技研究的基

---

① N. Katherine Hayles, *How We Became Posthuman*, University of Chicago Press, 1999, p. 195.

② Ibid., p. 285.

本特征，在理论上源于本体论对称性原则。它指在当下的知识生产中，人类和自然、科学和技术、自然和社会在情境性耦合，共同建构的各种异质杂合体（哈拉维称之为赛博体）。各种异质性要素都处在一张十分复杂丰富的动态“无缝之网”中，彼此紧密地缠绕在一起，无一因素占据中心地位。这一术语虽然不是拉图尔最早提出，但拉图尔的《行动中的科学》一书把它推向了学术关注的中心。拉图尔用符号化的手法彻底地摒弃了“主体”与“客体”的概念，而哈拉维保留了这一对概念，目的在于突出主体的伦理和政治维度的重要性。哈拉维主张主体并非先验的预存，而是在与客体的关系中才能生成。

在实践的主体性方面，哈拉维的技性科学观关注的是赛博体“忽视了谁？为谁？使谁受益？”的伦理问题。她提出了“负责任的科学”的两个伦理维度：第一，认知的伦理，即参与科学实践的所有认知主体都应是“诚实的见证者”，他们具有不同的“局部”视角，只有通过各种不同局部视角之间的共舞，才能“内爆”出具有“真正客观性”的科学知识。第二，科技的伦理责任。在基因技术中，小白鼠体内植入人体致癌基因，为攻克乳腺癌服务。哈拉维说，这意味着人与动物的界限被打破。致癌鼠（Oncomouse）是人类在实验室小鼠体内植入人类致癌基因而得到的一种新生命，但同时也以杂合的身份而存在：首先是治疗乳腺癌的动物模型；其次是活体动物，出现在绿色社会运动展开的跨国话语讨论中；再次是处于跨国资本扩张中的高科技商品；最后是一种待售的科学工具。致癌鼠是转基因技术产品，是动物和人的基因相结合而形成的赛博体，它挑战了个体性之间截然分明的种类和身份。围绕致癌鼠的专利权，哈佛大学（研究方）与杜邦公司（出资方）展开了激烈争夺，以致美国政府不得不介入其间，争论最终的妥协结果是以哈佛大学获得致癌鼠专利权，杜邦公司获得致癌鼠经营权。小小的致癌鼠将美国政府、世界一流大学和跨国公司与企业紧紧地捆绑在一起，成为工业—大学—政府的“共生的赛博体”，一种技性科学产品。

从致癌鼠到保鲜番茄，哈拉维带我们进入转基因技术，我们恍然觉悟，其间竟然纠缠着如此之多的藤蔓。每一项研究计划的制订、执行、申请专利以及成果商品化都带来世界范围内诸多经济利益之争、政治反应和伦理争议。围绕着某项科技发明，整个社会中众多力量都介入其中，进行争辩与斗争。如发达国家对发展中国家的经济剥削关系、白人对土著民的生物资本的偷窃、发展中国家社会阶层与产业结构的变化、跨国公司资本主义的扩张、隐瞒公众导致对人权的践踏，当然还有转基因技术带来的粮食产量增加、食品种类丰富和营养结构平衡。因此，基因绝不单单是科学家智力探索活动的结果，它是连接政治、经济、伦理、道德乃至艺术的节点，是这些因素交互作用，共同内爆的产物。对这种内爆的产物，哈拉维呼吁人们要关注其伦理责任。①

第三节　世界与我们的双向重构

本体论对称性原则绘制出广阔的人类—非人类的网络，在其中实践得以形成和定位，科学哲学返回科学实践。其创新意义在于，它强调不要一开始就在抽象的思辨层次上去思考科学的哲学问题，而是引入了“实践唯物论”的进路。通过扎实的案例研究，思考科学事实是如何在物质—概念—社会之间共舞中生成出来，以及研究实验室所生成的科学事实所带来的自然—社会、客体—主体之间的共生，共存与共演的历史，就构成了科学实践哲学研究的主线。

无疑，拉图尔的本体论对称性原则的符号化特征使他忽视了客体与主体的问题，从而陷入了相对主义的泥潭。对本体论对称性原则后继的批判性发展，一方面，从不同的角度重审了科学的合理性问题，共同特点是：实在、理性与客观性等并非是对先验对象的镜像式反映，就像科学事实一样，它们也是在科学实践这一本体世界中生成并演化着的认识论范畴。另一方面，对主体问题的重审使我们进入了后人类的赛博世界，凸现出赛博科技的伦理问题。

当本体论对称性原则说人与物相互共舞时，并不是简单说某物和某人都参与了某一活动，而是指在这种参与过程中，各种因素共同构

---

① Donna Haraway, *Modest_Witness@ Second_Millennium. FemaleMan© Meets_On coMouse™*: *Feminism and Technoscience*, Routledge, 1997.

成了一个相互界定的过程，并且在这种相互界定中，彼此的内涵都发生了变化。也就是说，我们在改变世界的同时，世界也以同样的方式重塑着我们，这是一个双向的建构。用梅洛－庞蒂的话说，这是一种“自我—他人—物”的体系的重构，一种经验得以在科学中构成的“现象场”重构。这些重构的结果使社会秩序和自然秩序之间的关系结构发生了对称性变化。这样，科学的认识活动会产生实实在在的社会效果与政治伦理。因此，科学哲学不能仅仅把科学限制在纯粹理性的范围之内，它要求认识主体要对自身的界限、预设、权力和效果进行反思。我们认识科学的活动，作为生活世界的一部分，不仅参与世界的构成，而且参与主体的构成。主体与客体的界限、意义与对象的界限、物质与符号的界限等，所有这一切都是在关系之中才能呈现出来。这种双向建构决定了科学在认识论、本体论与伦理学上结合的各种可能性。所以，作为实践的科学，它在概念上、方法论上和认识论上总是与特定的权力相互交织在一起。因此，科学，作为干预性认识活动，要对与认识主体相关的他者负责，要对相关的社会结果负责，要对世界的存在负责。

本体论对称性原则带给我们的历史启示是，人类不可能独自去承担如此厚重的历史，物质世界更无法单独完成此重任。人类与物质世界在特定历史中的共舞造就了我们的历史与现状，这种相聚过程重塑了我们的社会，同时也勾画出自然界突现的力量，建构出我们应对这些力量的科学与技术知识。科学就是我们的科学，它是通过时间、空间、物质与人类历史轨迹相协调。从世界观的角度来看，这里所说的生成、存在与演化，不是关于纯粹的机器，或纯粹的人类，而是关于赛博体的生成与演化，人类与非人类、自然与社会相互缠绕的生成与演化。

这就是本体论对称性原则给我们带来的实践哲学启示——一种生成论意义上的世界观。

第七章　回到真实的物质世界：皮克林与拉图尔的比较研究

拉图尔和皮克林俩人早期都深受社会建构论影响，分别著有《实验室生活：科学事实的建构过程》和《建构夸克——粒子物理学的社会建构史》这两本 SSK 经典著作。然而随着时间推移，他们逐渐摆脱社会建构论色彩，分别独立发展出自己的行动者网络理论（简称 ANT）和冲撞理论，成为当今国际上科学论和技科学研究中炙手可热的主要人物。人们在读拉图尔和皮克林后期著作时，常常将他们思想一并笼统地概括为后人类主义科学观，却未细致加以区分。笔者尝试着勾画出他们之间的异同，期望它能起到抛砖引玉的作用。

第一节　拉图尔对皮克林的影响

拉图尔对皮克林后期思想发展的影响显而易见，我们可以从他们的著作和论文中找到许多共鸣之处，关于这点皮克林本人也在多处坦率承认。“下一个是拉图尔，正如我在开始时所说的，我个人在 STS 里的思考很大程度上归功于拉图尔的著作。”① “我对拉图尔的思想印象非常深刻……对我来说，这是从‘物质世界’到‘冲撞’的另一关键步骤。自那以后，我一直欣赏和向拉图尔学习。”② 具体说来，拉图尔对皮克林的影响，具体可以概括为以下几点。

---

① Andrew Pickering，“The Politics of Theory”，*Cultural Economy*，2009，p. 206.

② D. Ihde and E. Selinger，*Chasing Technoscience*，Indiana University Press，2003，p. 87.

一 从对称性原则到本体论对称性原则

科学论研究的对称性进路最初是由SSK代表人物大卫·布鲁尔提出的。他在《知识和社会意象》一书中给出了强纲领四原则，其中核心原则就是对称性原则。“三、就它的说明风格而言，它应当具有对称性。比如说，同类原因应当既可以说明真实的观念，也可以说明虚假的信念。”[①] 在布鲁尔眼中，这里的“同类原因”实际上就是指社会因素，而自然因素被忽略或不过是“一种外在的共同输入源”，对信念的解释只需根据社会学利益解释模式进行。布鲁尔对称性原则成功地瓦解了传统科学哲学所坚持的不对称性原则，这点得到拉图尔的高度认可，拉图尔早期著作《实验室生活：科学事实的社会建构》就是一个最好的体现。然而随着卡龙（Michel Callon）在其1986年《行动者网络的社会学》一文中提出行动者网络理论之后，拉图尔为解决SSK面临的“见人不见物”诸多困境（如方法论恐惧和反身性问题），吸收了卡龙行动者网络思想，首次在1992年的认识论的鸡之争中使用了本体论对称性原则（以卡龙关于扇贝人工养殖的案例研究为依据），希望以此取代布鲁尔对称性原则。所谓广义对称性是指在进行技科学的实践分析时所采用的一种人类与非人类完全对称的ANT分析标准，这种杂合型分析标准排除了一种预先确定的自然/文化、人类/机器、主体/客体和身体/心灵等二元论分类。

根据拉图尔观点，他的本体论对称性原则来源于两个重要想法：第一个想法是“去除意义的符号学”。在符号学意义上，人类力量与物质力量之间不存在任何区别，二者能够自由持续地相互转换和相互替代。拉图尔借助于符号学，告诉我们如何对称地思考这二者，不受SSK意义上预先假定的社会学二元分类限制；第二个想法是ANT研究者不是从外面预先强加可观察的社会学分类（这是自然，这是文化），而是内在地真实追踪由各种异质性行动者所构成网络的生成过程。

---

① Bloor, D., *Knowledge and Social Imagery*, London, Routledge & Kegan Paul, 1976, p. 5.

总之，拉图尔本体论对称性原则打破了布鲁尔对称性原则，他第一次把非人类物质因素纳入行动者网络的考虑范围，非人类和人类是由它们之间的关系进行定义，没有纯粹的客体或主体。ANT的世界是由准客体、准主体和杂合体占据，传统上泾渭分明的二元论解释在此瓦解。

拉图尔的上述想法直接影响了皮克林的工作。首先，上述拉图尔的本体论对称性原则正好与皮克林本人早期作为物理学家的职业生涯体会不谋而合：物质是主动的，有生命和力量，是知识生产过程中不可缺少的重要组成部分。20世纪70年代他开始从事寻找夸克的粒子物理学实验研究，当时粒子物理学主要是一个还原性的领域，关注辨别物质的基本构成和探讨它们之间可计算的且时间上可逆的互动。然而，当时的他对物质还原论不感兴趣，却着迷于粒子物质之间强耦合的神秘性和突现特征，试图解决夸克幽闭问题，即夸克之间不可避免地缠绕在一起，形成不像夸克的物体：强子—质子—中子等。

其次，拉图尔的本体论对称性原则为皮克林曾一直试图回答的“库恩之问”提供了有力的理论资源。皮克林在美国麻省理工学院（MIT）STS埃克森基金项目的资助下，和他的家人于1984年12月去了那儿，然后他有一次遇见了托马斯·库恩，库恩给他提出了这样一个问题。“安迪，你们这些强纲领者在科学家之间的协商上真的做得很好，但是在科学家与自然之间的协商上呢？”① 正是这个“库恩之问”促使皮克林思考自然等物质因素在知识生产中的作用。而在此之前，布鲁尔和皮克林等SSK强纲领支持者疏远或阻止这个问题，因为他们当时担心一旦开始积极地谈论自然，与传统科学哲学家的斗争就会丧失。

正是在强调“物质具有自己的力量和生命”这点上，皮克林本人的以上两点思考深受拉图尔本体论对称性原则的影响，促成了《实践的冲撞》一书中两个核心思想之一“后人类主义”的形成。“后人类主义”是指“相对于人类行动者（科学家和工程师）和非人类行动

---

① Andrew Pickering and Keith Guzik, *The Mangle in Practice: Science, Technology and Becoming*, Duke University Press, 2008.

者（物质仪器和机器）而言，任何对科学实践的分析不得不去中心化。我认为我们需要把科学实践看作人类与非人类力量之间一种开放式终结的、相互构造的互动，也就是力量的舞蹈，我把这过程叫冲撞。"① 从此，他开始把科学实践看作是物质、概念和社会之间一个微妙的、互动的、无法预测的冲撞过程。

二　抛弃因果模型

拉图尔为表明本体论对称性原则的可行性，在《科学在行动》一书中给出了七大方法论规则，其中第3、4条分别是"既然一场争论的解决是自然表征的原因，而不是其结果，那么我们就永远不能使用这个结果（自然）去解释这场争论是如何和为什么被解决。""既然一场争论的解决是社会稳定的原因，那么我们就不能使用这个社会去解释这场争论是如何和为什么被解决。我们应该对称性地考虑征募人类资源和非人类资源的努力。"② 这里拉图尔的一个核心观点即作为自然实在论和社会实在论之基石的还原论因果解释模型在此失效，因为所谓的原因（自然或社会）自身都是协商解决争论的结果。然而他又认为：我们不能用因果模型解释争论为何结束，但是我们却可以解释争论如何结束。于是他提出了一个转译模型替代因果模型。所谓转译模型指行动者（既包括人类，又包括非人类）通过网络不断变化的组合、动员以及"转译"过程，设法将自身利益转译其他潜在同盟者的利益，从而使网络里各个行动者的利益趋向一致，构成一个越来越强有力和暂时稳定的联盟。需要指出的是，在转译过程中，所有的行动者都是不确定的、异质性的、不可还原的和无法预测的，转译的方向也是不确定的和突现的，故而因果解释模型在这根本行不通。

拉图尔的《科学在行动》抛弃了传统因果解释模型，这点对皮克林的影响很深，我们从卡斯伯对他的一次访谈中可以发现这点。"在

---

① Andrew Pickering and Keith Guzik, *The Mangle in Practice: Science, Technology and Becoming*, Duke University Press, 2008, p. preface vii.

② Bruno Latour, *Science in Action: How to Follow Scientists and Engineers Through Society*, Cambridge, Harvard University Press, 1987, p. 258.

1988年我在上一个有关科学知识社会学的研讨班时，我回忆刚开始我们是详细讨论库恩的《科学革命的结构》……我中途换了内容，改看拉图尔新书《科学在行动》……因此我在课堂上讨论了《科学在行动》，寻找新奇性和原创性，而不是追溯我已经理解的东西。我无疑发现了它。”[①] 从这段皮克林的自述中，他对拉图尔《科学在行动》一书的解读工作是在他1995年《实践的冲撞》经典著作之前，而“对因果解释模型的抛弃”是《科学在行动》的一个核心思想，我们从时间上和他本人多处给予拉图尔的高度评价看，它确实在很大程度上影响了皮克林。

从他《实践的冲撞》中的第二个核心思想即“瞬时突现性”上看，也可以印证这点。所谓瞬时凸现性是指“我们无法预先知道一个工作机器是由哪些部件聚集而成，我们也无法知道它的精确功率。当前没有我们能继续保留的且决定了文化扩展结果的线索。我们必须通过冲撞在实践中去弄清楚物质力量的下一次捕获将如何被制造，以及它看起来如何。捕获及其属性只是在这个意义上发生。这便是我对凸现的基本含义，一种正发生在时间中的偶然机会……冲撞的世界里缺少传统物理学、工程学和社会学中那种令人舒服的因果关系，……”[②] 显然在皮克林看来，他的冲撞具有一种真正凸现的进化特征，而不是因果模型特征。“就好像不可能预测麻雀在将来会变成怎样，因此不可能完全预测或解释人类或非人类力量的轮廓在科学实践里最终是什么。”[③]

三 规避经典认识论

在拉图尔看来，所谓的真理从来不是一个绝对普遍的概念，而是一个相对的东西。在他的《科学在行动》一书中，真理被描述成争论的结果而不是原因，因为它的建构是通过与越来越多的行动者建立

---

① D. Ihde and E. Selinger, *Chasing Technoscience*, Indiana University Press, 2003, p. 86.

② Andrew Pickering, *The Mangle of Practice: Time, Agency and Science*, University of Chicago Press, 1995, p. 24.

③ Andrew Pickering and Keith Guzik, *The Mangle in Practice: Science, Technology and Becoming*, Duke University Press, 2008, p. vii.

稳固的同盟。那么所谓的事实呢？拉图尔把事实看作是一种相对的“流转实体”，这流转实体是通过谈判和力量的较量而建立的。因此，所谓的真理和事实并不是一种预先确定的常识性社会学分类原因，而是一系列行动的结果。脱离行动评价某一科学的主张是真理或谬误、是事实或虚构，是没有意义的。如果要建构一种清晰的主张，那么它从来不是一个认识论的问题，而是与“构成这个动态行动者网络”的各个行动者（如科学家、研究对象和科学仪器等）的行动有关。“跟随行动者”是建构一种清晰主张的不二法则，因为只有在这一过程中，科学家能够遇上他的研究对象，而他的研究对象这才有可能以一种令他吃惊的方式行动，这时建构出来的科学主张才是清楚的。对于拉图尔规避认识论问题这点，John H. Zammito 有一番精彩的评论：“拉图尔到处使用拟人化比喻，他弄糟了本体论和认识论之间的界限。……本体论和认识论似乎危险地紧密混合在一起。”①

同样，皮克林受到拉图尔《科学在行动》一书的深刻影响后，也开始摆脱早期的 SSK 解释模式，逐渐对认识论也不感兴趣。他注意到真理无法逃避的历史性，因为知识的生产总是处于特定时间和特定地点中。对他而言，知识内容的永恒形式是明显与冲撞“瞬时突现的实际特征”相冲突。他主张这种冲突就是为什么我们不可能没有任何问题地把知识直接运用到新研究领域中的原因：“首先，我们在穿越物质操作性的旅途中的确使用了永久性知识。但这种知识并不具有魔力来让我们达到任何特定的目标。当我们远离我们的基本模型时，我们容易发现自己处于对物质世界的突现操作而留下的困境中。”②

然而，如果从他冲撞的操作性观点看，我们没有必要为此担心。因为他的冲撞观不是去关注表征和一致，而是去关注概念与世界之间的新联系在实践中如何确立。这在实践中表现为一种“阻抗与适应”的辩证法，以及物质、社会和概念之间互动式的稳定化。具体说来，根据冲撞理论，除了这样一个冲撞过程外，我们不应该期望还有其他

---

① Zammito, John H., *A Nice Derangement of Epistemes: Post-positivism in the Study of Science from Quine to Latour*, University of Chicago Press, 2004, p. 187.

② D. Ihde and E. Selinger, *Chasing Technoscience*, Indiana University Press, 2003, p. 102.

的知识基础。在实践的冲撞中，不可通约性因此停留在具体的物质捕获中，这种物质捕获会随时间而改变，而不是抽象的理论化，因为新的机器不会和旧机器一样只做同样的事情，它们能得到不同的、真理的生成。故而，冲撞过程中的知识生产没有任何怀疑论和认识论的困扰。

总之，拉图尔关注的是通过谈判和转译手段去建立更强大的同盟，而皮克林关注的是如何通过调整（tuning）和冲撞方式将各种异质性力量稳定化的问题。两者的思想线索都只是强调后人类主义的操作性（performative），而不是经典认识论的表征性（representative），由此认识论问题被规避。

第二节　皮克林对拉图尔的超越

一　用局部对称性取代广义对称性

拉图尔的广义对称性是建立在“去除意义的符号学”上，人类力量和非人类力量是完全等价对称的，都不过是科学实践过程中的同类行动者而已。然而，恰恰是在这点上皮克林与拉图尔分道扬镳，他认为，要完全维持普遍对称性是不可能的。这个世界充满人类力量和非人类力量，但它们不是同一类的。物质性力量是从人类王国的外部朝我们冲来，它不能还原成人类王国的任何东西。“行动者网络说到将人类的操作性委派给机器；我的观点是：当人们努力想将机器作用委派回到人类时，这种操作假定的对称性则常失败。”[①] 这里我们考虑一下“将机器作用委派回到人类”的方式，显然“符号学上，这些东西能够等同；但实际上它们不能”。因为人类具有一种计划能力和某种意向性，而这是物质力量（如机器）所不具备的。因此，虽然人类力量和物质力量在冲撞的过程中相互纠缠一起，但是严格的广义对称性主张应该放弃，这也是皮克林拒斥绝对广义对称性的原因。

---

① Andrew Pickering, *The Mangle of Practice: Time, Agency and Science*, University of Chicago Press, 1995, p. 15.

基于上述思考，皮克林用实践的“冲撞理论”取代 ANT 的广义对称性，从概念、物质和社会三个方面进行他的实践冲撞分析，从而兼顾了这点，即人类力量无法完全等价于物质力量，“这种不愿意完全利用广义对称性的做法使得皮克林停留在社会建构主义和 ANT 广义对称性之间的一个中间位置，这也许能被称为局部对称性。”①

皮克林的局部对称性原则从一种“去中心化”的广义类型学角度区分了参与这样冲撞过程中的三种成分：概念、社会和物质，并认为这三者中没有一个优先或处于中心地位。而正是因为这种去中心化的观点，所以对称性在这里起作用：人类力量（agency）不再能决定物质世界，反之，亦然。人类和非人类、社会、物质和概念成分总是以一些复杂的方式缠绕在一起。科学实践中所发生的是“致力于异质性文化要素的互动式稳定”② 的冲撞过程。用皮克林的话说，这是“一个阻抗与适应的辩证法”或“一种不同成分之间力量的舞蹈”。他主张这种冲撞理论分析具有普适性，适用于任何领域。

总之，皮克林的局部对称性弥补了拉图尔广义对称性的缺陷（即将人类力量与非人类力量完全等同），主张从物质、社会和概念三个大方面进行一种广泛类型学的对称性分析，既强调了人类有意向性和非人类有力量，又强调了二者不可完全符号化等同，具有明显灵活的分析框架，更符合真实的科学实践。当然拉图尔和皮克林在对称性方面都站在同一条线上，因为他们都把对称性与“赛博存在和生成，人类和非人类相互缠绕地进化”关联起来。

二　用历时性分析取代共时性分析

拉图尔的共时性分析是指“我们应该不是经过时间而是在文化空间去追寻科学家的活动路径，我们应该追寻异质文化要素及其要素编织的层面或者围绕它们编织起来的其他东西的相互连接，我们应该探求特定的机器、约束、理性风格、概念体系、知识体系、不同层面和范

---

① D. Ihde and E. Selinger, *Chasing Technoscience*, Indiana University Press, 2003, p. 231.

② Andrew Pickering, *The Mangle of Practice: Time, Agency and Science*, University of Chicago Press, 1995, p. 221.

围的社会活动角色、实验室内外，等等，在特定的时间以及特定的空间中联合在一起的方式。”[①] 一言以概之，可以担当科学文化研究的一个基本组织法则就是他本人的一句名言“追随在科学家和工程师周围。”即跟随各种行动者（包括人类与非人类）并能观察它们互相转译时的那种真实活动的生成过程。那么这种转译现象如何来描述呢？拉图尔的方法是借助于行动者之间的谈判概念（谈判概念是拉图尔偏爱的一个分析概念）。在拉图尔看来，谈判的结果取决于论证的力度、修辞，甚至是同盟者的威压。因此，拉图尔网络的一个重要分析焦点是意义的建立和保护。他认为，“成功地建构黑箱并把其内容锁定的人，最能控制意义的制造，最能使具体的解释自然化。”

但在皮克林看来，拉图尔的共时性分析只是“关注穿越多重的、异质的文化领域的横向断面的内在连接，同时对在时间中发生的转换过程几乎没有兴趣。”[②] 而他的“实践的冲撞”分析正是由于他对时间和变化有明显的兴趣，从概念、物质和社会三个相关的方面进行。他认为，变化贯穿在概念、物质和社会要素交互式的稳定化过程中，他的冲撞模式突出了科学实践的时间维度即瞬时突现性。而正是由于皮克林偏爱的分析概念及关注点是瞬时突现性，所以他对表征、概念和意向性几乎不关心，因为他认为它们也服从冲撞中的变化，它们不属于他需要关注的东西。“我认为它们没有造成任何问题。我没有详细的例子加以讨论。但我的观点是：它们是以一种我们已经讨论过的方式而被产生。”[③] “冲撞中的知识制造没有任何怀疑论和焦虑的困扰，因为根据一理论（冲撞理论），人们不应该期望有其他的知识基础，除了这样的过程外。”[④]

总之，拉图尔的共时性分析就好像是在以一种拍快照的方式关注

① ［美］安德鲁·皮克林：《实践的冲撞》，邢冬梅译，南京大学出版社2004年版，第263页。

② 同上书，第266页。

③ Andrew Pickering, *The Mangle of Practice*: *Time*, *Agency and Science*, University of Chicago Press, 1995, p. 99.

④ D. Ihde and E. Selinger, *Chasing Technoscience*, Indiana University Press, 2003, p. 233.

技科学实践，而皮克林的历时性分析则关注科学、技术和社会的瞬时突现性，在时间中而不在文化空间中追踪“异质性文化要素和层次的内在关联”。这两种类型的分析适用于同样的科学文化领域，不过是经历了不同的格式塔转换而已。

三　本体论政治的彻底性

本体论政治（ontological politics）这一术语是由 John Law 创造的。根据 Annemarie Mol 的观点，“本体论政治是一个复合词，它谈论本体论——以标准的哲学语调确定了什么属于实在，即我们赖以生存的可能性条件。如果‘本体论’这个术语与‘政治’这个术语组合起来，那么这表明所谓可能性条件不是特定的。实在不是优先于我们与之互动的世俗实践，而是在这些实践里被塑造。因此‘政治’这一术语有助于强调这种活动模式、这种塑造过程和这一事实即它具有开放性和有争议性特征。”[①] 简而言之，本体论政治就是指对本体论的解读与政治紧密缠绕在一起，无法分开。

拉图尔“本体论政治”的策略最初体现在他的《我们从未现代过》一书中。他在该书中采用了一个双层模式。“在基础层次上，我们发现一切正在发生的世俗活动：人们与疾病作斗争，建造运输系统，打仗等。在元层次上，我们发现人们对在基础层次上应该做的东西和支持的这一套传统政治机构进行反思。”[②] 这里有几点值得我们注意。首先，拉图尔根据“二元论的纯化”（dualist purification）工作来确定现代性。这里的所谓二元论的纯化工作是指：在一个特殊的历史过程中，科学家是以一种对象化的方式（自然就像机器，人类则作为控制主体，两者之间泾渭分明）解读自然和组织他们冲撞式的科学实践工作。其次，他十分重视“二元论的纯化”工作，不是在基础层次上挑战其权威，而是将它维持在他所谓的新政治秩序里。

① John Law and John Hassard, *Actor Network Theory and After*, Blackwell, 1999, pp. 74 – 75.

② Andrew Pickering, “The Politics of Theory”, *Cultural Economy*, 2009, p. 206.

“从现代人那里，我们能保留什么呢？所有的一切，但除了他们对其制度上半部分的特有自信，因为这一制度需要某些修正从而也能够容纳其下半部分。现代人的伟大之处，来自他们对杂合体的增殖、对某种类型网络的延长、对踪迹产生过程的加速、对代表的增加、对于相对普遍性的摸索性生产。其勇气、其研究、其创新意识、其笨拙的修补、其年轻人式的过激性、其行动范围的不断增加、其对独立于社会的稳定客体和摆脱了客体的自由社会的创造——所有这些都是我们需要保留下来的。另外，我们不能保留现代人的错觉……并成为了事物与符号、事实与价值这些绝对二分的囚徒。”① 因此，对拉图尔而言，他希望通过“二元论的纯化”工作，在政治表征的元层次上重组社会，对世俗的实践不感兴趣。由于他的“二元论的纯化”工作只能由人类完成，仍保留了人类的特殊性（human specialness），所以他的本体论政治具有不彻底的去中心化性。

然而，对皮克林而言，他的冲撞研究十分关注基础层次上的世俗实践，而不是元层次的政治表征。他将这些世俗实践视为人类和非人类之间的一个开放操作性的力量共舞过程。在这里，人类例外论（human exceptionalism）或人类的特殊性彻底地被排除出去，“操作性的力量舞蹈既是岩石和石头、恒星和行星、我们花园里的植物和我们的猫所做的东西，也是我们所做的东西。人类的特殊性在我们想制造的另一个世界里不再受关注，使我们进一步超越了这个范围。”因此，在皮克林看来，在这世界上有些行动方式（如，控制论）并不是以二元论的分离为特征，而是以去中心化（人类、物质和概念无一占据中心地位）的冲撞为特征，表现出一种开放式和操作性的生成，因此，他的本体论策略具有彻底的去中心化性。

总之，拉图尔的本体论政治策略是“二元论的纯化”工作，保留了人类的特殊性，具有不彻底的去中心化特征；而皮克林的本体论策略是“开放式和操作性的力量舞蹈”生成，将人类的特殊性彻底排除，具有彻底的去中心化特征。

① Bruno Latour, *We Have Never Been Modern*, Harvard University Press, 1993, pp. 132 – 133.

结束语

拉图尔和皮克林的早期工作都极大受到英国爱丁堡学派社会建构论的影响，然而随着社会建构论的弊端不断被人挖掘和批判，他们也各自开始了反思和探索一种真实科学观的旅程，共同走向了后人类主义科学观。然而，他们各自的后人类主义科学观又有着实质性差异。

拉图尔后人类主义科学观在运用本体论对称性原则分析技科学实践时，偏爱的是一种谈判概念，即通过谈判，在人类和非人类行动者（符号学上二者完全等价）之间建立更好和更有力的同盟。另外，他重视“二元论的纯化”工作，以便在政治表征的元层次上重组社会，对世俗的实践不感兴趣。而谈判概念和二元论纯化工作只能由人类完成，仍保留了人类的特殊性，所以他的后人类主义科学观本质上仍具有很深的社会建构论残痕，还没有摆脱理论优位的偏好，是一种不彻底的去中心化思想。

而皮克林的后人类主义科学观在运用局部对称性进行实践冲撞分析时，偏爱的是瞬时突现性概念，即一切都在人类与非人类（二者不可等价）之间的“力量的舞蹈”中突现，具有不可预测的进化特征。另外，他拒斥“二元论的纯化”工作，相反只关注世俗的实践，在这种实践里，物质、概念和社会因素无一优先，去除了人类的特殊性，所以他的后人类主义科学观真正走向了“作为实践与文化的科学”，回到了真实的物质世界中，是一种彻底去中心化的生成思想。

第八章　自然科学的“生活世界起源”：科学的常人方法论研究

第一节　自然科学的生活世界起源问题

在《欧洲科学危机与超验现象学》一书中，胡塞尔分析了伽利略是如何通过“发明”数学的普遍化，使“物理学”遗忘了其“生活世界的起源”的。“正是‘几何化’这件理念的外衣，使这种方法、这种公式、这种理论的本来意义成为不可理解的”，“生活世界是自然科学的被遗忘了的意义基础。”胡塞尔认为伽利略之所以能这样做，是因为他毫无批判地接受了古希腊几何学的传统，把它作为一种先验的理念前提，作为所有事物的本体出发点，并从未怀疑过数学的前科学起源问题。因此，拉图尔说“每一个唯物论者内心都沉睡着一个唯心论者”①，呼吁回到一种“真正的唯物论”。为此，拉图尔区分了“理念的唯物论”（ideal materialism）与“物质的唯物论”（material materialism）。

拉图尔认“理念的唯物论”之所以是唯心主义的，在于它坚持在“我们认知方式的几何化”与“被认知之物的几何化”之间的“一致”。这仅仅是因为我们信奉这样一种观点，即被认知“客体”的第一性质都是几何性的，从而将其第二性质消除殆尽。但是事实上，对于任何一部机器而言，它作为一件金属的人造物而存在，与“作为一

① Hennion, A. and Latour, B., “How to Make Mistakes on So Many Things at Once-and Become Famous for It”, H. Gumbrecht and M. Marrinan (eds.), *Mapping Benjamin: The Work of Art in the Digital Age*, Stanford University Press, 2003, p. 96.

种能够抵御侵蚀和腐烂的抽象几何实体而存在”，完全不是一码事。因此，旧唯物主义的错误就在于：坚持认为“物质自身的本体性质”与“图纸和几何空间……的本体性质”是一样的。问题在于：它是一种理念唯物论，而不是一种真实唯物论的理解途径。这种理念唯物论所建构出来的科学对象，充其量不过是柏拉图理念世界中的存在物，或是康德式的现象界的物，而不是真实客观世界中的实体。

胡塞尔认为，如果伽利略这样做，他就应该意识到其带有先验基础的数学的客观知识本身的构成性意义，这本身就是需要反思的现象。结果，伽利略为哲学留下了一种特殊的意义问题，即其所发现的主题与实践之间的“间隔”的填补问题。这种“间隔”，在胡塞尔那里就是需要恢复的自然科学的“生活世界的起源”。然而，在恢复自然科学的“生活世界的起源”时，胡塞尔却把它推向了超验自我的“意向性”。意识，在胡塞尔那里不是作为经验的心理活动过程，而是排除了特殊心理因素的纯粹意识，是作为人的先天认知结构而被研究。意向性既不是指人的主观认知能力，也不是指人所经验的认知活动，而是人的意识活动的先天结构整体。胡塞尔的现象学关注认识论问题，思考超验的对象，结果使科学的“生活世界起源”的问题服从于一种先验意识的逻辑。因此，像伽利略一样，胡塞尔也未能展现出科学家的实际工作，同样未能展示出科学所研究的对象。事实上，科学家的实践并不会与超验的对象相接触，一个球并不是抽象的哲学理念，也不是康德物自体意义上的物。吊在棒子上的球的重量，实验者的手能够感觉到，它是一个木球或铅球，是一个组织科学实践的对象：它是摆动着的球，容易摆脱操作者的控制，但同样也能够受到操作过程的“规训”，使它与其他球产生等时性摆动。在实践中，我在直觉上感觉到球，我逐渐学会了如何把握球，使它们产生出筹划中的摆动。因此，胡塞尔的纲领既没有被任何实践中的科学所采用，也没有被任何科学家的实践工作场所的谈话与工作台上的工作所证明，因为这些实践发生在“就是这种”（just thisness）科学的特质（haecceities）之中。

尽管如此，胡塞尔工作的真正价值在于他提出了自然科学的“生活世界起源”问题。正如常人方法论的创始人伽芬克尔指出：胡塞尔在其《危机》中的现象学提出了常人方法论研究的基础，常人方法论多年来的工作就是“如何把胡塞尔的工作转化为对工作与科学的常人方法论研究，把胡塞尔科学的生活世界的起源转变为可演示—证明的现象”。一旦把客观知识“基础”的问题置入实践的场所性（local）最初结构的思考之中，把科学情境化置入其生活世界之中，“基础”与“起源”的问题就会摆脱主观或先验的前提，就不会继续坚持“超验”基础具有客观知识的本体论优势，而是把客观知识转化为实践中的成就。

胡塞尔把“伽利略物理学”视为自然科学基础问题的关键，而伽芬克尔则把胡塞尔的“伽利略物理学”视为自然科学基础建构的关键。对此，常人方法论提出了科学实践的“生活世界对”（lebenswelt pair）概念，它不是一种宏大的概念，而是把科学秩序描述为一种实践的具身性秩序。实际发生的科学是一种离散的、高度不连续的实践领域，承载着不同的仪器、技能、文本解读、工作场等组合。科学实践的场所性发生，决定了不能把科学理想化为一种普遍与相容的逻辑探索领域。相反，带有独特发现结构的科学场所性特征总是被发现在科学的“这个”或“那个”日常的实践之中。“生活世界对”概念，被用来追踪科学的“就是这种”或“就是那种”特征（thisness and thatness）。这是通过阐明借助于文本所隐含的特殊实践而完成的。在这种意义上，“生活世界对”概念显示出一种方法论的意义，它组织探索科学的生活世界的结构，但它并不是规范实践的先验规则。这一概念强调存在一种活生生的实践，而否认这一概念的先验性。伽芬克尔写道：“伽利略的物理学是实践行动的一种独特的发现科学，通过证明这些‘对结构’而被说明。”① 伽利略式的科学对象就像一个带有“遗忘症”的被收养的小孩，常人方法论的研究就是寻求其如何出生，来源何处。在伽芬克尔看来，伽利略的科学对象中隐含着一种工具性“操作”（performative）的特征，对象具身在仪器的复杂性、展现能力的工作场所之中，只有在“原处”才能显现为一种“物理

① Harold Garfinkel, “Evidence for Locally Produced”, *Sociological Theory*, Vol. 6, No. 1, 1988, p. 107.

的”对象。“独立的伽利略对象”总是在控制之中，贯穿于仪器的复杂性之中。研究“独立的伽利略对象”的途径就是阐述其研究仪器的复杂性，说明这种对象并非独立于其实践的场所性。

林奇概括了常人方法论的工作意义：“与胡塞尔不同，伽芬克尔不再把这种‘基础’视为一种直觉与实践的确定性相统一资源。相反，胡塞尔的中心化意识被消解为情境化社会实践的话语与具身性的活动，不再存在依靠外部世界获得意义的先验的自我。自我的角色被情境化在对一个世界的话语与具身化关联的行动聚集体中，这一世界总是充满着意义。对于常人方法论和其他的对胡塞尔的工作存有疑问的继承人来说，胡塞尔式的生活世界不再与一种先验的意识相对应，它并不是在经验行动的一种普遍领域中被发现，而是成为社会活动的一种场所性组织起来的秩序。”①

第二节 自然科学之“生活世界对”结构

常人方法论用科学的“生活世界对”去取代胡塞尔哲学反思的二元性，用“生活世界对”去填充“伽利略物理学”中发现的主题与科学实践之间的“间隔”。这种“生活世界对”由两部分所构成，第一部分存在于科学的形式结构中，它们表现为一种完整的结构，以定律、假设，探索的逻辑、实验的描述、数据的形式表现在教科书与杂志中。这是伽利略物理学的“明晰部分”。第二部分是意会的发现结构中实际的与未能被说明的建构，这是伽利略物理学的“含蓄部分”。后者是对实验室实践的自反性检验，而前者是所获取的“含蓄”知识的明确与形式的结构，是这一过程的结果。当后者出现时，一种有关实验室工作“含蓄的”维度就会消失，“含蓄的”实践被实验室的一种形式与集体的新科学方案所取代。然而，这并不意味着实验室工作“含蓄的”方面已经从实验中消失，而只不过被作为明晰结构的一种含糊预设而隐藏起来。因此，常人方法论就是试图恢复这

---

① Michael Lynch, *Scientific Practice and Ordinary Action*, Cambridge University Press, 1997, p. 125.

种“含蓄的”意会结构。

“在伽利略的物理学中所失去的东西是其第二部分，通过在伽利略文本中所描述的伽利略摆的具体特征来解释第二部分。这种说明是通过考察伽利略摆特殊的发现结构中所观察到的‘实际清单’来完成的”。这种工作清单可能包括研究中的对话、场所性的组织、社会秩序的生产与可说明性的地方性内在实践，以及与其相容的实质性物质，它包括书写在黑板上的记号、私人笔记、日记、图表、潦草的书写与书籍、手册、草图、便利贴、照片、绘图、门的名称与门上的警告、墙上的通知、文本、对一种指令性行动的手势解读、机构的组织、仪器安排、建筑与所有各式各样工作台上的工作。科学不仅存在于实践之中，而且是因为实践而存在。任何对科学的生活世界起源的探索，都绝对不能离开这一前提。

为此，伽芬克尔提出了常人方法论的两个重要原则：(1) 实践活动的秩序性原则：常人方法论认为场所性实践远非混乱，研究科学实践活动表现出来稳定的与可理解的秩序。林奇称为“索引性表述的理性特征”(rational properties of indexical expressions)，即自然科学的实验建构本身就是一种有秩序的实践行动，其结构本身就具有社会学意义上的客观秩序。并且，这种实践活动中的秩序（存在于“生活世界之对”的第二部分之中）是形式化科学与数学秩序（存在于“生活世界之对”的第一部分之中）的根源。与拉图尔和皮克林不同，常人方法论并没有把科学实践视为一种从“混沌中产生秩序”的活动，而是把场所化实践视为一种手段，通过它“实验的秩序”被转化为“明晰的数学秩序”。常人方法论就是研究场所化实验的独特秩序，并检验它们如何转化为更为稳定与更为形式化的秩序。(2) 介入原则。此原则旨在反对在科学技术论中占主导地位的“陌生人原则”。伽芬克尔要求研究者把握其所研究领域中的实践，如研究物理学，就得理解物理学的技术内容。这种要求，伽芬克尔称为“方法上的独特胜任”原则(the unique adequacy of methods)，指每一个学科的特性只能是由其特质所界定的独特活动来组成，并且这种活动只能通过“进入”相关认知领域的“内部”才能得到理解。为了能够发现“实际活动中特色鲜明的科学”，科学的常人方法论研究将使研究者置身于所研究的每一个科学自身所认可的技术细节中。简单理解，这意味着一个研究者，必须能够把握与操纵其所研究的这种实践，获取一种类似于柯林斯与埃文斯称为“贡献性技能”① 的能力，这是进行科学的常人方法论研究的前提条件。

第三节　实验室中“具身性操作秩序”

对胡塞尔的“伽利略物理学”进行常人方法论解释，就是要说明伽利略的科学实践是如何情境性地产生出摆的等时性原理，在技术上重构伽利略利用摆去演示—证明等时性定律的实验，这是一种“可回溯性现象解释”。但对于当代的操作者来说，由于时过境迁，所重构的摆显然无法复制伽利略时代操作活动的实践情境，这是人类学的一种困境。因此，重建摆或恢复其最初的操作，并不是再现历史上的伽利略实验，而是从实践的视角，重构其实验的逻辑。除了上述人类学困境外，我们还需要注意的是，在伽利略的文本中，实践的逻辑不见了，只留下了“指称对象”的语义结构，而不是活生生的实践结构。也就是说伽利略的文本并没有具体阐明如何建造这一摆、如何打结、如何进行摆动、如何观察摆动，或如何进行或需要多少次演示—证明，以排除实践的偶然性，最终提炼出这一定律。这些问题留给了物理学家自己去重构，只有通过对文本进行线索式的探索，才能揭示这些未能被解释的实践。对伽利略实践的重新详细阐述就是对其发现结构实践的“详细目录”进行阐述，揭示出其演示证明是如何获得的。

“生活世界之对”的第二部分由以下构成：（1）伽利略摆的等时性定律是由摆（三个带有预先设计好的具有反比关系长度的线上悬挂的三个球）；（2）操作技能（如如何用两只手把握三个球并同时释放它们）；（3）被演示的平方反比定律的内在关系逻辑组成。前两者属于“操作领域”，第三属于“演示—证明领域”。

仪器的“操作领域”是演示者利用仪器去制造出一种可见的现象

---

① Harry Collins and Robert Evans, “The Third Wave of Science Studies: Studies of Expertise and Experience”, *Social Studies of Science*, Vol. 32, No. 2, 2002, pp. 235 – 296.

领域：三个下垂的球在一个水平轴上由不同长度的三条线悬挂着，它们在一种机遇情境中同时摆动着。这要求演示者必须具备操作摆的特殊技能，以让三个球摆动出一种等时性运动现象。人们可能认为伽利略利用了古希腊的数学，但用巴什拉（Bachelard）的话来说，操作不是作为一种“理性的记忆”（rational memory），而是一组具身性技能。这种特殊技能涉及以下要求：首先，如何制造摆，即如何正确把球系在弦上，这是实验的第一步。其次，精确复制弦长的问题可能出现在一个结的理想位置与实际位置之间的差异上。由于这种理想位置的空间是无法标准化的，这意味着打第一个结时，如果缺少相关技能，实际位置与理想位置可能不是同一空间，会导致大量的“噪音”，如摆可能不会以操作者所期望的那种方式同时摆动，不会精确地显示出相同比例的重复，或在终点同步性停止。如它们时常可能无规则地在一个平面上摆动，经过几分钟后，就会飘忽不定地摆动，会相互纠缠在一起。这意味着成功的结是操作者熟练技能的结果，其独特特征只有通过操作者打结的成功技能性活动才能得到显示，以一种聚集摆的秩序去充分显示出操作者在其上的技能。这里，借助于操作者的实践技能，操作者面前的工具——弦、球、线与独特的位置之间会显示出一种操作秩序，具身在伽利略定律之中。这也意味着建造伽利略的摆，不只是把摆的各个部分简单组装在一起，它来源于熟练的具身性操作活动。球要达到等时性摆动，必须与身体进行调节，以达到一种成功的演示秩序。一个成功的秩序必须由两个已经获得的成就所组成：所有的三个球必须被置于同一平面上；所有的球必须同时从同一斜面上被释放。如果其中一个条件未能得到满足，摆动就不会演示出所声称的等时性或比例。这意味着尽管一个释放的球是一个自然事实，但摆的等时性现象却不是，因为等时性是相对于具身性技能的一种时间性成就。这就是伽利略发现摆动的生活世界的结构。

任何物理学家在过去、现在与未来在日常情形中都会遭遇情境性问题。伽利略忽视了仪器的意会实践补充，把它留给物理学家去发现仪器中的一种独特秩序的一个意会问题。即对仪器的具身性操作活动的获取，是在这些仪器、技能与所获取的演示—证明之间的内在关系的一种“意会性”探索。组织仪器的实践具有自身的“意会”逻辑，而探索这种无法言说的组织仪器的实践逻辑，如为了利用摆，它得以某种方式被利用，这一问题只能是身体通过直觉去解决。身体预先反身性地进入仪器的领域，确立了与仪器的一种惯例性关系，就像伽利略当时所做。伽利略的摆并不会在所有可能的时空中“散射出”现象的秩序。只有在某种可观察的距离或时间条件下，人们才能多少观察到被组合对象的等时性摆动，从而证实其理论主张。这种伽利略摆的重复总是呈现为情境性的秩序。

第四节　从“操作秩序”到“数学秩序”

“演示—证明领域”是对弦、球、线与独特的位置之间显示出的一种操作秩序进行的数学化分析。

伽利略的实验表现在图 8－1 中：释放球的斜面 a；三个球的垂直

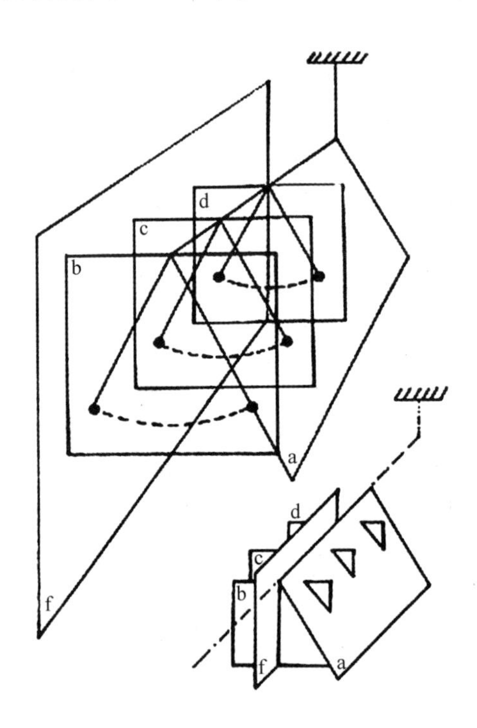

图 8－1

与平行平面（b、c、d）；显示比例的终端平面（f）。这些平面之间的内在几何关系把摆（球与弦）、操作者的技能、观察领域与所有操作与演示部分聚集成摆运动的时间比例。作为一种数学规律，只有在成功的摆动中才能显示出“更准确的”比例，而不成功的摆动却显示不出来。成功的摆表现如下：当三个平面 b、c、d 表现出一种统一的运动时，垂直于它们的终端平面成为一个观察等时性运动的最好位置，从这里，所有三个球都被视为处于一行，展现出时间上的数学秩序。也就是说，摆的这些平面的内在逻辑把在操作区域中的仪器秩序转变成一种数学秩序——时间与长度的平方成反比。

当然，“时间与长度的平方成反比”的格式塔转变只有在某种程度上才能出现，即只有演示者的技能把握了整个仪器的区域，才能“透视”出秩序的秘密。同时，作为一种观察的格式塔比例，表明物理定律并不是对任意的时空都适用，而只能表现在由与仪器具有独特关系的技能所确定的时空之中。“通过展现出摆的等时性的格式塔转换，隐藏了演示的技能与区域的实际组织工作。正是平稳的等时性摆动把朴素的感觉‘提升’到看到了摆动的‘数学秩序的时间集合’……即从仪器的应用进入看见作为一种数学规律的摆动的球的等时性的组织。”①

不同的观察者如果想要看到这一等时性效应，必须依次从终端平面上进行观察，把自己置于一种有利地位，在这里，观察者还得按要求使自己的眼睛与球的平面相垂直，沿着终端平面——这一面充当一个演示—证明区域的轴，以观察到在排成一行的球并数。这样他们能够独立地数摆动的次数，发现时间与长度的平方反比定律，从而达成一种集体的共识。也就是说，摆的演示几何的内在秩序被扩展到集体的观察过程之中，正是在终端平面上，主体间性的共识达成，从而证明了运动的“数学秩序”。因此，操作仪器正确的演示方式是一种说服对发现者的最初立场持怀疑态度者的手段，它使伽利略仪器的演示—证明领域中的秩序后来被标准化为产生事

---

① Dusan I. Bjelic, “Lebenswelt Structures of Galilean Physics: The Case of Galileo's Pendulum”, *Human Studies*, Vol. 19, No. 4, 1996, p. 425.

实的科学惯例。摆就是如此被建构，即主体间性的集体证人的共识是达到数学秩序的关键。

与流行的观点相反，“伽利略的物理学”是演示与证明科学实践功效的一种日常活动。当传统科学哲学把伽利略的工作解释为“符合一种先验的宇宙秩序（如毕达哥拉斯的数学美）的个人信仰”时，常人方法论却揭示出伽利略的物理学预设了在个体发现者与群体之间可交流的观点，是一种在现象问题上达成共识的主体间性。正如夏平与沙夫所写道：“一个事实是一种体制意义上的社会范畴：它是一种集体的知识。我们通过个人的感觉经验展现出这一过程，这一经验被扩展为一种集体所证明的并且是共识的自然事实。”① 这是一种集体证人的模式，是证据与集体陪审团相结合，对科学实验进行公共证实的一种模式。

这种集体证人的模式，当它成为一种明确的与程序化的产生客观知识的方法时，用胡塞尔的话来说，就会成为一种隐藏其基础的方法，隐藏了实验室工作的“隐晦的”部分，如产生等时性现象的弦、球、线与独特的位置之间的特殊秩序，显现出其“明确的”部分，如数学秩序。这并不意味实验室中“隐晦的”部分已经从实验室中消失，而只是指它成为新实验科学中明确的、程序的结构隐藏假设。当达到这一点时，产生等时性的具身化技能也会从演示—证明领域中消失，给人们留下的印象只是数学秩序本身，摆的“数学规律”摆脱了摆的物质约束，最后得出一个数学比例，看见了摆的节奏，而不是三个独立的摆，就像是按一定秩序弹奏竖琴弦，聆听其美妙的音乐。因此，这里不再是这一或那一球，而是其可观察的关系。这些关系不是有关球这类物体，而是组织球的观察秩序。换言之，当可观察的数学比例被运用到伽利略的物理学时，显示出一种在逻辑上独立于物理情境的秩序，当通过演示的技能产生出来的摆显示出稳定的等时性时，显示出一种悬挂着的物体要遵守的数学规则。因此，虽然数学秩序在实践上联系着操作领域中的技能，但当实验领域的“操作秩

① Steven Shapin and Simon Schaffer, *Leviathan and the Air Pump*, Princeton, Princeton University Press, 1985, p. 225.

序”被解释为“数学秩序”，且进入了第一部分时，其具身性就被抹杀，“生活世界之对”的第二部分也被抹杀掉了。伽利略发明了一种“提升的机制”，把“意会”的探索从集体的信任转变为演示区域的一种数学证明，使自己摆脱了实验操作者的身份，成为成功探索数学证明的理论物理学家。操作领域中的“仪器秩序”被“提升”为演示—证明领域中的一种“自然事实”，其起源的实验技能就被抹杀掉了。这就是启蒙时期物理学的理性演示。

结束语

伽利略式的“物理学”遗忘了自然科学的“生活世界”，胡塞尔式的“伽利略物理学”意识到了这一问题，但却使自然科学的“生活世界起源”服从于一种先验意识的逻辑。伽芬克尔式的“伽利略物理学”使科学真正返回了“物质世界”——主客体的交会点，这是科学实践得以发生的真实时空，而不是一个柏拉图式的观念世界。这是自然、仪器与社会之间机遇性聚集的情境性空间或场所，也是一个行动者的实践世界，用梅洛-庞蒂的话来说，是一种“自我—他人—物”体系的重构，一种经验在科学中得以构成的“现象场”的重构。[①] 这使得伽芬克尔的常人方法论迈入“科学实践文化研究”的行列，成为与拉图尔的行动者网络理论、皮克林的冲撞理论并列的当下“科学实践文化研究”中的三种“显学”之一。然而，在思考“现象场”状态的问题上，拉图尔与皮克林都认为“现象场”活动充满着内在混乱和无序，因而陷入了认知的泥潭，重弹起哲学相对主义的老调。伽芬克尔则以“实践的秩序性原则”与“方法上的独特胜任原则”去探索“现象场”，发现其中充满着各式各样的“具身性操作秩序”，并发现了这种秩序最终被转化为“数学秩序”的演示—证明机制与社会共识机制，目的是让科学的合理性重返实验室的日常生

① 转引自［美］希拉·贾撒诺夫等编《科学技术论手册》，盛晓明等译，北京理工大学出版社2004年版，第112页。

活之中，这无疑是对当前泛滥的文化相对主义科学观一副极好的清醒剂。这样，在反本质主义、反基础主义的前提下，科学的常人方法论研究开启了从科学实践本身的客观逻辑去理解与言说科学，回归科学合理性与客观性的路径。

第九章　让科学的合理性重返实验室生活

常人方法论最初由美国芝加哥大学社会学家伽芬克尔（Harold Garfinkel）在20世纪60年代创立，他在1967年出版的著作《常人方法论研究》中，展现了其基本纲领。常人方法论的主要目标是描述日常生活中秩序产生的方法，这些方法体现在人们所做的日常工作中，由某些地方性场所的参与者所操作。常人方法论最初产生于伽芬克尔对陪审团这样的非专业人士做出司法裁决时所依据的实践理性的研究，它反映出伽芬克尔对“科学的”社会学一种激烈的批判，其立场是明确反对寻求隐藏的社会学变量，反对把行动者描述为一个“文化傀儡”。常人方法论还关注人类的行动者如何共同地维持一种有意义的社会秩序（而不是把社会秩序视为先于人类活动而存在的东西）。伽芬克尔的学生，美国康奈尔大学的迈克尔·林奇教授把他们独具特色的常人方法论与实验室生活研究联系起来，开启了科学的常人方法论研究。这种研究呈现出对科学的新理解，即关注实验室中社会秩序与自然秩序是如何被建构并被维系的，主要体现在林奇的著作《科学实践与日常活动——常人方法论与对科学的社会研究》之中。

20世纪70年代晚期，随着科学哲学中“自然主义”的兴起，科学技术研究开始关注“实验室研究”，出现了一批著作，如诺尔－塞蒂纳的《制造知识》、拉图尔与伍尔伽的《实验室生活》、迈克尔·林奇的《实验室科学中的技术与人工物》、莎伦·特拉维特的《物理与人理》。“实验室研究”的目的就是寻求科学理论中某些“丢失的东西”。不像寻求一种普遍方法论原则的传统科学哲学，也不像放弃关于科学合理性问题的“行动者网络理论”，常人方法论的“实验室研究”用一种“自然观察的基础”去填补科学理论与科学实践之间的间隙，其目的是要考察科学理论在实验室中是如何产生、如何从实验室活动的生活世界中被“提炼”出来。

第一节　出尔反尔的ANT

“实验室研究”中影响最大的莫过于拉图尔的“行动者网络理论”（Actor-Network-Theory，简称为ANT）。ANT认为科学哲学中合理性的传统主题，如观察、实验、复制、测量、理性、表征、解释等，与实验科学的日常活动过程没有什么必然的关联。拉图尔等人则把目光从科学理论转向科学实践，提出了ANT，终结了科学合理性的传统讨论，从认知、逻辑与理论领域转移到书写、仪器与实践的操作领域。同时，不像其前辈强纲领SSK，拉图尔等人的实验室研究没有去发展因果性解释，而是更关注以具体行动为中心的描述主义研究。在“混乱”并真实的实验室环境中，他们强调情境化和即兴展现的实际活动，而不是在教科书中和研究报告中理性重建的实验推理。这种研究的独特语汇是把科学工作描写为“建构”，把科学实在描写为“人工物”，主张物质资源和实验室工作的产品，即外部世界与科学理论之间没有本质的联系。然而，虽然ANT一开始就显示出反对强纲领SSK的强烈姿态，但是其显著的符号学“建构”特征，使它实际并未能跳出强纲领SSK的窠臼。

不可否认，拉图尔的本体论对称性原则至少在两方面宣告了与强纲领SSK的激进决裂：（1）拉图尔明确拒绝把科学还原为“社会利益”的承诺。但是，拉图尔使用了符号学，这种使用导致了某些批评家指责其出尔反尔，因为尽管拉图尔努力使他的符号学解释去告别对科学问题的社会学解读，但最终他实际上还是追随了同样的分析路径：他把实验室中活生生的研究视为一种操作各种标记、阅读和铭写、表征、痕迹、陈述和文本的活动，结果是“行动中的科学”变成了一种建构和解构符号体系的形式活动，把实验生活转换为形式体系。很显然，这样的处理使得拉图尔的符号学说明极易在权力、社会利益与修辞谈判这类强纲领 SSK 的社会—历史的术语上获得其意义，结果使他返回社会建构论。（2）拉图尔的广义对称性是建立在“去除意义的符号学”上，人类力量和非人类力量是完全等价对称的，都不过是科学实践过程中的同等行动者。他用符号学意义的“行动者”（actant）去取代社会学意义上的概念——“行动者”（actor），并指派给行动者一组属性：“如果我使用语词‘力量’‘权力’‘策略’或者‘利益’，这种使用可以等价地分配到巴斯德以及给予巴斯德力量的人类的或者非人类的行动者之间。”[1] 结果使拉图尔陷入矛盾：一方面想放弃这些术语的明确的“社会学”内涵；另一方面又无法给这些术语以明确的 ANT 自身的内涵。林奇指出这无非是“在讲述一个怪异的社会学的故事”[2]。更糟糕的是，本体论对称性原则中的符号是一个抽象世界，但真实世界充满人类力量和非人类力量，它们并不是对称的。物质性力量是从人类王国的外部朝我们冲来，它不能还原成人类王国的任何东西。如人类具有一种计划能力和某种意向性，而这是物质（如机器）所不具备的。正如皮克林批评所言：“行动者网络将人类的操作性（符号性地）委派给机器；我的观点是：当人们努力想将机器作用委派回到人类时，这种操作假定的对称性则常遭失败。”[3] 皮克林反对本体论对称性原则，认为科学实践只能存在于物质世界的真实时间中，而不会存在于拉图尔无视时间性的符号学空间中。

像强纲领 SSK 一样，拉图尔借助“陌生人”观察策略，不带任何先入之见地（包括对观察对象科学内容上的把握）深入到科学活动的第一“现场”，使观察者既可以看到实验室中所发生的“可理解的”事情，同时又不被科学家的科学偏见所左右，相对独立于观察对象提出自己对实验室工作的说明。然而“陌生人原则”的问题在于：科学的大多数术语也是社会学研究的术语，因为科学家所使用的术

① Bruno Latour, *The Pasteurization of France*, Harvard University Press, 1988, p. 252.

② ［美］迈克尔·林奇：《科学实践与日常活动——常人方法论与对科学的社会研究》，邢冬梅译，苏州大学出版社 2010 年版，第 138 页。

③ ［美］安德鲁·皮克林：《实践的冲撞》，邢冬梅译，南京大学出版社 2004 年版，第 13 页。

语，也是社会学家所研究的对象，正是通过这些术语，科学家的活动才能被理解与研究。

正因为保留了强纲领SSK的观点，特别是其陌生人原则，ANT所描述的实验室活动充满着内在混乱和无序。拉图尔认为科学是包含着对种种随机组合、特设活动、即兴创作、说服、偶然判断、场所性修补仪器等的一个显在的"事实"，而这样的"事实"实际上使实验室科学呈现为一种实际和认知的泥沼。科学家成为一个修补匠，实验室中的科学成为铭写、技术装置和具体技能之间的杂乱组合，理性主义的科学图景就此消解，科学合理性在此丧失意义。尽管这里强调了"实际的"科学活动不能"完备地"证明自身，但ANT完全无法终结科学探究理性基础和自然基础的争论，因为它的观点无非重弹了哲学相对主义的老调。

总之，由于ANT抽象的符号化特征，使其出尔反尔，重新陷入强纲领SSK的窠臼，背离了其转向科学实践的初衷，更为严重的是，这使它放弃了科学的合理性问题，走向了相对主义。

第二节　实验室中"专业直觉秩序"

针对ANT的困境，林奇借用了伽芬克尔提出的常人方法论的两个重要原则：一是实践活动的"秩序性原则"：实验室活动远非混乱，它表现出稳定的与可理解的秩序。自然科学的实验建构本身就是一种有秩序的场所化的实践行动，其结构本身就具有具身性意义上的客观秩序。并且，这种实验室中的活动秩序是理论科学与数学秩序的来源。二是介入原则。与拉图尔排除科学与数学技术内容的"陌生人原则"相反，林奇要求常人方法论学者要把握其所研究领域中的实践，如研究物理学，就必须把握物理学的技术内容。这种要求被伽芬克尔称为"方法上的独特胜任"原则（the unique adequacy of methods），指每一个学科的特性只能是由其特质所界定的独特活动所组成，并且这种活动只能通过"进入"相关认知领域的"内部"才能得到理解。为了能够发现"实际活动中特色鲜明的科学"，科学的常人方法论研究将研究者置于所研究的每一个科学所认可的技术细节中。简单理解，这意味着一个研究者，必须能够把握与操纵他所研究的这种实践，这是进行科学的常人方法论研究的前提条件。

正因如此，常人方法论对实验室的研究就不再是观察性的描述，而是介入性“理解”，即只有你理解了相关的研究，你才能体会出其中所显现的科学秩序或科学家内心中的合理性。如林奇在《科学实践与日常活动》中研究了天文学家第一次“发现”光脉冲的时间的录音磁带上发现：

> 迪斯尼：……我简直不相信它直到我们得到了第二个。
>
> 库克：我简直不相信它直到我们得到了第二个，而且直到……这个东西移动到其他的一些地方。[①]

在这一简单的对话中，林奇发现了科学家所谈论的特定时刻的有序的理性特征。这里的“理性特征”不是对库克与迪斯尼的“方法论的议题”的一种理性重建，而是明显地体现在对话的表面所产生的有序过程中。如这些“理性特征”包括库克重复迪斯尼的代词表述“它”和“第二个”的方式，这种表述不需要对这两个术语的意思进行形式化处理就能够得到理解，因为双方都在“专业直觉”上领悟到他们正在言说同一对象，并没有讨论什么导致这一发现的一般方法。他们的谈话在科学上是合情合理的，并且合情合理地与当下他们的具身化观察活动联系在一起。但是要明白何以会这样，我们必须与天文学家的专业直觉所理解的“这个和那个”相一致，按照他们专业言说去理解其内容，这样你才能理解其中的“理性特征”。为此，林奇借用伽芬克尔的特质（haecceity）[②] 这一概念来表达这一当下特殊场景中的理性，意指一个对象的“就是这个”（just thisness）的可说明性，即“这里”并且是“当下”的展现状态，这种研究描述了科学家如何在各种不同的场景中基于他们“所处情境”的特质而行

---

① ［美］迈克尔·林奇：《科学实践与日常活动——常人方法论与对科学的社会研究》，邢冬梅译，苏州大学出版社2010年版，第330页。

② 同上。

为，并能够客观地说明其实践目标。林奇使用迦芬克尔这一术语是想更清楚地表明：一个代词或者索引性的“意义的产生”，并不受制于也不受益于本质主义的基础决定，但却具有可说明性、有序性等理性特征。

这样，林奇就把所观察到的实验室中“专业直觉上的具身化观察秩序”，称为“索引性表述的理性特征”（rational properties of indexical expressions）。常人方法论认为索引性无须以逻辑的方式来展现自身，索引性表述本身就拥有“理性”品质。“索引性表述和索引性行为的显著的理性品质，就是日常生活的活动的组织性的持续性的当下展现。”[①] 一旦我们同意所有的表达和行为都是索引性的，那么，认为一个情境无涉的并可以适用于任何场合的普遍理性品质就不再具有任何意义了。索引性概括出常人方法论“理性”两个重要的时空特征：场所性与当下性。

正因为实验室活动中具有“索引性表述的理性特征”，常人方法论研究不再提“建构”一词，而是“把自然科学重新界定为关于实际活动的发现科学”[②]。也就是说，常人方法论研究不把科学视为文化建构的产品，而是把科学置于活生生的实验室的日常生活之中，这样不仅可以发现自然秩序及其对应的科学，而且还可以在常人方法论的视角下反身性地重构科学哲学、科学史和科学社会学。尽管涉及“发现科学”的议题看似表达出对科学实在论和科学自然主义的一种倒退，但科学的常人方法论研究没有借用一种独立的自然界的“实体”去解释发现、秩序等，而是主张科学书写和数学文本都是活生生的实验室日常活动中的一部分。通过把“一种发现科学的工作”视为不可还原的具体成就，科学的常人方法论研究反对把科学实践简化为观念体系、公式、方法论规则。科学的常人方法论研究并不否认规则、公式以及其他形式化东西的作用，他只是强调这类形式只能被置于具体的日常科学实践中才有意义。

---

① Harold Garfinkel, *Studies in Ethnomethodology*, Polity Press, 1984, p. 34.

② ［美］迈克尔·林奇：《科学实践与日常活动——常人方法论与对科学的社会研究》，邢冬梅译，苏州大学出版社2010年版，第329页。

结束语

拉图尔等人提出的行动者网络理论的目标是重新复归“实验室的日常生活世界”，然而由于其“陌生人原则”，使它最终背离了其初衷，陷入了相对主义的泥潭。《科学实践与日常活动》一书就是把胡塞尔的工作转化为对科学的常人方法论研究，发现在科学的“生活世界的起源”中，科学并不是行动者网络理论所想象的那样：“从实验室的混沌上升到理论的秩序”，实验活动本身充满着科学家各式各样“专业直觉上的具身化操作秩序”，通过“演示—证明”，这种秩序最终会上升为“理论秩序”，这是一种从“实验室的秩序到理论秩序”的过程。这样，在反本质主义与反基础主义的前提下，常人方法论研究开启了从科学日常实践本身的客观逻辑去理解与言说科学合理性的“索引性”路径。对于当前科学研究中所泛滥的文化相对主义现象而言，无疑是一副极好的清醒剂。

第十章　哈金的科学哲学思想发展的脉络

实在论与反实在论的争论一直困扰着科学哲学的发展，自哈金《表征与干预》一书发表后，人们终于看到了其中的问题症结：（1）基于主客二分的表象主义的西方哲学传统。（2）关注于理论与对象之间无时间性的反映关系。（3）理论优位。也就是说，哲学上的实在论与反实在论之争，实际上都是基于西方哲学传统中主客二分的知识表征实在的反映论，这是“一个人类学空想从洞穴人到赫兹有关实在与表象的观点。这是一则寓言”[①]。正是这种表征主义的科学观，永远关注单一的“科学知识是否真实地反映或表征了我们的世界”问题，使我们始终处在“我们是否真实地反映了我们的世界”的“认识忧虑恐惧”之中。哈金把实在论与反实在论称为“知识的旁观者理论”（spectator theory）。在这种传统的科学图景中，人们以去历史化的方式理解科学，传统哲学的实在论驻留于知识和世界本身之间的无时间演化的反映关系之中。如果消除了这静态的反映与被反映关系，实在论与反实在论的对立便没有了意义。当代科学哲学中“理性的危机”的出现，其根源之一就是“木乃伊科学”与现实的科学的冲突。相应的，从对科学的常人方法论研究视角，林奇基于“规则与实践”的内在统一引申出“认识论的‘基础危机’（实在论与建构论的争论）源起于没有答案的问题”[②]。因此，实在论与建构论之

---

① ［加］伊恩·哈金：《表征与干预：自然科学哲学主题导论》，王巍、孟强译，科学出版社2010年版，第VIII页。

② Michael Lynch, *Scientific Practice and Ordinary Action: Ethnomethodology and Social Studies of Science*, Cambridge University Press, 1993, p. 145.

争在表征层面上是无意义之争。正如哈金指出："他们缺乏历史感，他们仇恨生成（becoming）……他们把科学家变成了木乃伊。"[①] 因此传统科学哲学"都是非时间性的：在时间之外，在历史之外"[②]。如果思想和实在之间的反映论思想不再盛行，那么"整个实在论与反实在论的对立都是毫无意义的了"[③] 因为在表征实在的层面上始终无法产生结论性的观点。"理论层面上论证科学实在论，检验、说明、预测成功、理论会聚等，都是限定在表象世界，科学的反实在论因此永远都挥之不去，这一点也不奇怪了。"[④]

如何摆脱实在论与反实在论之争的困境？用哈金的话来说，就是"从真理和表象转向实验和操作"[⑤]，即从表征走向干预，从理论优位走向实践优位。干预就是在主客体纠缠态——实验中，"生成出以前在宇宙的纯粹状态下不存在的现象"[⑥]，而这一生成过程充满着机遇性与突现性。因此，"科学在时间之中，本质上是历史的"[⑦]。寻求实在的历史之根，就构成哈金科学哲学发展的主线，在其思想发展的不同阶段，有着不同的表现。

第一节　创造现象

哈金成名作《表征与干预》拉开了研究科学实践的序幕。此书认为历史不是科学理论的历史，而是实践的历史。"历史不是关于我们所想的，而是关于我们所做的。"[⑧] 真正的实在，应该完全走出表象的哲学，在真正的科学实践的历史中去寻找。与此相应，科学理论，甚至客观性和合理性本身都是在历史中涌现和生成的。探索实在的起

① ［加］伊恩·哈金：《表征与干预：自然科学哲学主题导论》，王巍、孟强译，科学出版社2010年版，第1页。

② 同上书，第5页。

③ 同上书，第20页。

④ 同上书，第217页。

⑤ 同上书，第Ⅷ页。

⑥ 同上书，第Ⅸ页。

⑦ 同上书，第5页。

⑧ 同上书，第14页。

源，就要从认识论转向本体论，在存在层面上探索实在的起源，即“创造现象”，为科学客观性寻回历史之根。这就是哈金早期实验实在论的主要工作。

“实验室有自己的生命”，哈金的意思是指实验与理论的关系相当复杂，并不像传统科学哲学所想象得那么简单，即理论先于实验或者实验先于理论等具有一定确定性的时空关系。首先，实验有自己的自主性。很多科学哲学家认为理论必定先于实验，即必须有一个有待验证的理论，你的实验才具有意义。但理论与实验的关系是复杂的，有时理论和实验结合，有时理论先于实验，有时实验先于理论，关键在于其所处的环境，而且不容忽视的是不仅理论会推动实验，有时实验也会推动理论的发展。两者之间没有固定的先后秩序问题。因此，我们不能提出一种孰优孰劣，孰先孰后的先验的形而上学预设。其次，实验与理论以多种方式交织在一起，它不仅包含实验对象、实验主体、实验工具、实验活动、实验现象，如各种探测仪器、数据制造器等，还包括理论多个层面，包括假说、类比、数据表达式、物理模型、解释及分析等，是一个由各种因素相互作用的复杂性整体。因此，哈金说“实验有自己的生命，它以多种方式和推测、计算、建模以及各种各样的技术和发明相互作用”①，这表明哈金已经摆脱了主客二分的框架，在客体—仪器—理论的纠缠态中界定实验的生命力，这种纠缠态构成了从表象走向干预的出发点。通过这种纠缠态，实验“创造了现象”，现象是实验生命力最重要的体现。科学家是通过实验而创造现象，随后这些现象就成为理论的核心部分。

哈金对“现象”一词的解释与传统哲学的解释不同。在哲学谱系中，“现象”一词源于古希腊，它是指看得见的事物、事件或过程，在特定的环境中有规则地出现。这一术语派生于动词“显现”。从古希腊的柏拉图哲学开始，现象就是指不断变化着的感觉对象，或感觉的直接经验内容，与自然的本质——永恒的本体相对立。现象是实在

---

① ［加］伊恩·哈金：《表征与干预：自然科学哲学主题导论》，王巍、孟强译，科学出版社2010年版，第Ⅸ页。

或本质的摹本，科学就是透过在自然界所发现的现象去揭示出理念世界中的本质。康德把这一术语带入近代哲学，实践了近代哲学史上的哥白尼革命，使本体成为不可知的，所有的自然科学都是关于现象的科学，科学就是人对自然的立法。其结果就是把科学推向抽象的理念，或观念的世界，丧失了其生活世界的源泉与意义。哈金的“现象”一词指的就是生活世界中现象，“我对‘现象’一词的用法和物理学家一样。这一用法必须尽可能地远离哲学家的现象主义、现象学以及私人的、转瞬即逝的感觉资料……现象就是显现（appearance）”①。换句话说，哈金认为现象就是真实的自然的显现，就是自然的规则，它不存在于抽象的柏拉图理念世界之中，也不存在于人的主观意识之中，它就存在于真实的，我们具身于其中的实验室生活之中。正如哈金所说，“我的主题是唯物主义的”②。

现象是通过实验而显现，“做实验就是创造、产生、纯化和稳定现象”，而“真正有意义的现象，他们便称它为效应”③。也就是说，在哈金看来现象与效应是一类东西。众多物理学效应，如法拉第效应、康普顿效应、霍尔效应、光电效应等，在哈金看来，都是实验创造的。如通过对霍尔效应发现过程的分析，哈金指出“在霍尔天才地发现如何在实验室中隔离、纯化和创造霍尔效应之前，霍尔效应并不存在。”④ 这种说法与传统哲学的解释大相径庭。因为传统哲学认为既然我们的理论是以宇宙的真相为目的，那么现象就总是在那里，如霍尔效应，作为上帝在理念世界中创造的一部分，一直静静地躺在那里，在等待着我们去发现，而是不是创造。然而，自然界不会有产生霍尔效应的这样的纯化安排，因为，霍尔效应在特定的仪器之外并不存在。其现代形式是技术的、可靠的、常规创造的。霍尔效应，至少其纯粹的状态，只有用这些仪器才能得到体现。“人们在创造相关仪

① ［加］伊恩·哈金：《表征与干预：自然科学哲学主题导论》，王巍、孟强译，科学出版社2010年版，第177页。

② ［加］伊恩·哈金：《实验室科学的自我辩护》，载［美］安德鲁·皮克林《作为实践和文化的科学》，柯文、伊梅译，中国人民大学出版社2006年版，第30页。

③ 同上书，第184页。

④ 同上书，第181页。

器之前，约瑟夫效应在自然界中并不存在”[①]。哈金关注的是实验室创造出来的现象与效应，它们是科学研究的对象，因此，哈金把自己的实在论称为“实验实在论”（experimental realism）。由于研究对象是机遇性生成的，它们在“被创造”之前并不存在，因此，哈金的实在论具有历史生成性的含义。

第二节　实验室的自我辩护

哈金的实验实在论受到了不少的批评，这些批评导致了哈金在1992年的一篇引用率较高的文章中，把实验科学（experimental science）的概念扩展到实验室科学（laboratory science），其目的是展现出“实验创造现象”细节性内容，从“实验室的自我辩护”去为科学的稳定性进行辩护。实验室科学是指其研究的对象是在那些人为控制条件之下，以隔离自然的状态而发生的现象。也就是说，这些现象都是在实验室中创造出来的。实验室科学在隔离状态下使用仪器去干预所研究对象的自然进程，其结果是对这类现象的知识、理解、控制和概括的增强。这样，在自然状态下进行观察的植物学就是实验科学但不属于实验室科学，但植物的生理学却属于。

“实验室是一个在控制和隔离的条件下用能量和物质进行干预的空间。”[②] 哈金列举出实验室中的15种要素，把它们被划分为三组：观念（问题、背景知识、系统的理论、局部性假设、仪器的模型化）、物（对象、修正的资源、探测器、工具、数据制造器）和标记（数据、数据评估、数据归纳、数据分析、解释）。在谈及各种问题和理论时，不存在任何单独的问题“观念”和理论“观念”，它们存在于一个实验的智力要素之中。用这三组要素的异质性结合，哈金扩展了“杜恒命题”。杜恒认为，如果一个实验或观察与理论始终彼此不容，我们可以用两种方法修正理论：要么修正

---

① ［加］伊恩·哈金：《实验室科学的自我辩护》，载［美］安德鲁·皮克林《作为实践和文化的科学》，柯文、伊梅译，中国人民大学出版社2006年版，第183页。

② 同上书，第38页。

系统性的理论，要么修正辅助假说，以理解一门实验室科学成熟和稳定的可靠性。后来皮克林注意到仪器、模型化和时事性假说这些要素的作用。阿克曼则把我们的注意力引向要素组中的其他要素，他关注于数据、解释以及系统理论之间的辩证关系。但与皮克林不同，阿克曼对仪器持有一种消极的态度，他认为诸多的仪器更像是黑箱，更像是产生既定数据的既成设计。按照阿克曼的观点，科学家的主要任务就是根据理论来解释数据、根据解释来修正理论。这样，除了阿克曼所涉及的数据问题外，他更像传统的反实在论者。总之，杜恒、皮克林以及阿克曼都是用15个要素的某些子集中的各要素之间的相互作用去说明科学的稳定性。哈金的做法是把杜恒的论题扩展到整个15个要素，用三组15个要素的整体去说明科学的稳定性。因为这些要素在种类上不同，在不同的组合方式中它们都是弹性资源，也就是说，它们在实验中的机遇性地相遇、结合与调节，使科学涌现出稳定性。被确认的实在与理论之间不存在预先组织好的对应。我们的理论至多对于那些从仪器中创造而涌现出来的现象来说是真的，而这些现象的产生就是为了更好地契合理论。仪器运作中所发生的修正过程，无论是物质性的，还是智力性的，都在致力于我们的智力世界和物质世界契合。这就是科学的稳定性。我们可以机遇地改变问题，最为通常的做法是在实验的某些阶段对它们进行情境性修正。数据可以按照我们的意图舍弃或筛选。当我们能够根据某种系统理论来解释这些数据时，我们就可以认为这些数据是可靠的。对时事性假说或仪器的模型化过程的任何一个改变，都可能在数据分析中引入新的方法。我们创造了仪器，用来产生数据以证实理论。我们用仪器产生的数据是否适合理论来评价仪器的能力，等等。理论和观察之间有一个机遇性博弈。也就是说，科学的稳定性正是许多要素，即数据、理论、实验、现象、仪器、数据处理等之间机遇性博弈的结果。“当理论和实验仪器以彼此匹配和相互自我辩护的方式携手发展时，稳定的实验室科学就产生了。这种共生现象是与人、科学组织以及自然相关的一个权宜性事实”①。理

---

① ［加］伊恩·哈金：《实验室科学的自我辩护》，载［美］安德鲁·皮克林《作为实践和文化的科学》，柯文、伊梅译，中国人民大学出版社2006年版，第46页。

论的成熟总是联系着一组现象，最终我们的理论、我们制造、研究、测量现象的方式，在相互培育中相互界定。哈金对于这种稳定性的解释是：当实验科学在整体上是可行的时候，它倾向于产生一种维持自身稳定的自我辩护结构。作为成熟的实验科学，它已经发展出了一个其理论形态、仪器形态和分析形态之间可以彼此有效调节的整体。

哈金的"实验室的自我辩护"基本上是对他早期的"实验实在论"的一个补充，从单一的实验仪器的辩护扩展到实验室中三组15个要素之间机遇性博弈的相遇、调节、适应与合作的辩护，从而对其实验实在论给出了一个更为全面的发展与阐释，为后继的科学实验哲学的兴起创造了理论先声。

第三节 历史本体论

2002年，哈金发表一本著作《历史本体论》，开始跳出实验室的空间，从更为广阔的文化视野中去寻求科学理性的历史之根。2009年出版了《科学理性》一书，对其历史本体论的内涵进行了详细的展现。哈金后期的工作深受福柯影响。在《何为启蒙》一文中，福柯认为人们通常认为"启蒙"是一个将我们从"不成熟"状态解放出来的过程。如康德就认为人们应对自身的不成熟状态负责，人只有依靠自己来改变自己，摆脱这种不成熟状态。福柯并没有把这种进步的价值赋予"启蒙"，而是思考启蒙运动如何规训我们自己这样的历史事实问题，"这个现代性并不在人本身的存在中解放他人，它强迫人完成制作自身的任务"①。那么，启蒙运动如何塑造了人类的新历史呢？福柯在《何为启蒙》一文中两次提到"我们自身的历史本体论"，意指我们是依据知识、权力和伦理三条轴线，在历史中构造了我们自己（constitute ourselves）。② 在《规训与惩罚》一书中，福柯讨论了大量作为现代性象征的"全景敞视式建筑"（如医院、学校等各种权力轴）对人的"纪律规训"（纳入某种知识范式），从而构造出现代意义上的人（伦理轴）。

---

① 杜小真选编：《福柯集》，上海远东出版社1998年版，第536页。

② 同上书，第540页。

哈金并不像福柯那样，关注于人的现代化规训，而是在知识—权力—伦理三轴中探索“所有类型的对象，什么使它们可能生成，简单说，就是本体论如何成为可能?”① 传统上，本体论一般是研究宇宙中存在的基元，但哈金反对表征主义，没有陷入思辨的形而上学中，而是在“我们命名的实践与我们所命名之物之间是如何相互作用的动态唯名论（dynamic nominalism)”② 中思考本体论问题。也就是说，哈金不会在抽象的思辨原则中去寻求客观性之根，而是把客观性置于具体的时空之中，利用带有鲜明历史特征的思维风格去寻求。这样，客观性的系谱学就是通过我们带有鲜明文明烙印的历史，为科学寻求其客观性之源，即在一种相当特殊的、地方性的、历史性的思维风格中去处理知识、事实、真理与合理性的问题。

在《历史本体论》一书中，哈金说：“所有的对象都是在人类的历史中生成的”③，“是通过人类的独创性而生成的”④。从《表征与干预》中的“实验创造现象”到《历史本体论》中“所有的对象都是在人类的历史中生成的”，这标志着哈金思想的一个重要发展，即从“实验室科学”转向“历史”去寻求科学理性的根源。但他不是从康德式的先验范畴，而是从西方文明史中去寻求。哈金开始借助科学史学家克龙比的名著《欧洲传统中的科学思维风格》⑤ 一书所概括的欧洲文明传统中的六种特有的思维风格，分别是数学推理、分类探索、假说模式、实验探索、统计推理与历史—发生思维。克龙比对科学进行划分的依据在于它们的研究对象和推理方法。哈金认为克龙比的第二种风格（实验测量的风格）与第三种风格（假说模型的风格）相结合，又形成了一种新的思维风格，即实验室风格。这样，哈金认为今天现存的就是这七种思维风格，它们在现实中是互相交织在一起的，构成了科学的客观性源泉。不过哈

① Ian Hacking, *Historical Ontology. Cambridge*, Harvard University Press, 2002, p. 1.

② Ibid., p. 2.

③ Ibid., p. 14.

④ Ibid., p. 43.

⑤ Alistair Cameron Crombie, *Styles of Scientific Thinking in the European Tradition: The History of Argument and Explanation Especially in the Mathematical and Biomedical Sciences and Arts*, Gerald Duckworth & Company, 1995.

金更喜欢用“推理风格”，而不是“思维风格”这一术语。哈金又把“推理风格”称为模板（template），“模板提供了一系列方式，使那种我们称为科学的世界成为可能”。①

推理风格首先是在历史中凝聚而生成的（crystallization）。如概率推理风格的出现与人口普查密切相关。从 1821 年开始，随着统计数据的出现，概率推理风格开始大量引入自己的新语句，并成了自己的研究对象，最后发展成为一个较成熟自治的体系。当一种风格发展成熟时，就不再受到任何社会文化的影响，甚至会成为一种中性的工具。概率推理风格这种理性工具，不仅是在科学史中形成，而且还被人类人口普查等社会实践所塑造。这是“一种特殊的文化干预，人类本性的一种非常一般的凝聚而生成的，也就是好奇的探索与我们所发现的世界的交互作用”②。

其次，推理风格一旦生成，就会行使自身的权力——确立科学知识的新标准，引入新对象。一个领域要想成为科学的，首先应该具有科学共同体公认的可检验的标准。推理风格首先是为科学语句确立了一个可被判定为真或假的标准，只有在这个标准下，语句才有意义，才可能被判定为真或假。概率统计起源于 1660 年左右，一种“内部证据”观念的出现使得概率统计的真理观念成为可能。不过，就统计而言，大量的统计语句都是在大概 1821 之后被引入的。在此之前，大多数的统计语句都是不存在的，这首先是因为当时并没有相应的新标准，所以也就无从判定它们的真假。例如，说“1817 年符腾堡（*Württemberg*）的国民生产总值相当于 1820 年的 7630 万克朗”是没有意义的，在当时并没有相应的标准来对国家总产值进行统计，所以根本无法判定其真值。也就是说，只有具备相应的推理风格，确立了相应的标准，一类语句才能被引入并成为科学的。

然而，推理风格并不仅仅是一种方法，而是引入了新的对象，即科学研究的对象本身也是在通过作为模板的推理风格而生成并最终稳定下来的。对于概率统计风格而言，最常用的研究对象恐怕要属“人

---

① Ian Hacking, *Scientific Reason*, Taiwan University Press, 2009, p. 13.

② Ibid., p. 9.

口”（population）这一术语了。18 世纪数据的出版以及人口普查引进了大量的统计语句，人们开始总结出一些类似定律的语句，例如“犯罪的数量是恒定的；而不同种类犯罪的相对比例也是相同的。”[①] 人们迫切需要理解这样一种统计的稳定性。人类的特征与行为中是否也有类似于物理学中的定律和常量？早在 19 世纪初，高斯和拉普拉斯就提出了误差定律，即对对象的测量中测量结果的分布呈一种钟形曲线。此后误差定律主要被用于天文学的测量中对于测量结果的误差分布进行描述。但在 1844 年，凯特勒（Quetelet）宣布，大量人类特征的分布也具有类似于天文测量时测量结果的正态分布曲线。也就是说，大量人类个体的特征量是服从正态分布的。由此，他把在天文学中对实在的星体进行测量的误差定律引入到了对生物和社会现象的描述，认为它们也服从正态分布，我们可以通过平均值和标准差来描述它们。

在哈金看来，凯特勒实际上是引入了一类新对象，即由平均值和标准分布所描述的人口总体。这类总体的“发现”，有赖于误差定律的扩展性应用。所有以往的研究总体，如苏格兰人或者农民、工人等，开始被能用钟形曲线所描述的总体所取代，服从误差定律的总体成为统计风格的研究对象。于是，服从这种分布不再只是巧合，这类总体成了世界的本来模样。然而，在凯特勒之前，这类总体从未被揭示。我们甚至可以设想，如果没有误差定律的影响，我们或许会有另一种对象。我们用另一种方法去揭示属于它的规律，但这丝毫不影响关于它的科学的客观性。

再次，推理风格具有独特的地理—文化的空间性。推理风格为我们理解科学理性提供了一个空间，但人类的历史经历了不同的途径，不同的文明应该有不同的科学研究途径，不同的推理风格，它们在我们称为科学的事业中践行着。人类不同的科学史是相对独立的，它们是基于我们所反思的对象的认知能力之上。存在着不同特色的科学思维的推理风格，每一种都以自己的独特方式发展着，在自己的框架中，每一种都对科学想象与行动做出了自己独特的贡献。每一种推理

---

① ［加］伊恩·哈金：《驯服偶然》，刘钢译，中央编译出版社 2000 年版，第 191—192 页。

模式依据自己的轨迹与时间刻度发展，规定着某一地理—文化空间中的内在的认知能力，其当下实践的模板——认知风格，一种我们在将来会走向何处的出发点。这是人类学研究的对象。在知识的考古学的意义上说“科学思维方式进化中的一种凝聚而生成在事实上是不可逆的”① 当其生成后，一种科学的思维风格就引入一组其自身的独特研究对象，如古希腊文化中柏拉图式的抽象数学对象、不可观察的理论实体（实在论与反实在论之争的焦点）。一种新的标准，以确定有关这些对象的真与假。一种推理风格，以及其特有的理性方法，规定着其地理—文化空间中的科学，在这一空间之外，并不一定有效。也就是说，它只是自身界定其自身领域中的所言真理。因此，在某种意义上，每一种风格都是自我辩护的与自主的，每一种思维风格对自己的领域来说是特殊的，仅引入了这一领域的特殊研究对象，这些对象在其推理风格之外并不存在，如原子、基因、不可观察的实体等，就是由数学推理、假设—演绎风格与实验室风格所引入，西方文化还会对这些对象提出一些形而上学的预设，从而引起这些领域中无休止的本体论论战。如实在论与非实在论，数学中的柏拉图主义与反实在论之争。这些对象及其本体论之争，贯穿于整个欧洲哲学史，但“只是欧洲语言与文化的一部分，中国思想家肯定会忽视它”②③。

---

① Ian Hacking, *Scientific Reason*, Taiwan University Press, 2009, p. 16.

② Ibid. , p. 23.

③ 在这里，哈金实际上涉及科学的文化多元性问题，但他并没有进一步讨论。事实上，作为一种文明的西方科学，它具有其自己独特的地理—文化界限，但当今的现实是西方科学几乎成为“全球性科学”的代名词。传统上，人们习惯于从认识论的角度去探讨这一现象，即西方科学是科学，其他地方性知识是非科学或伪科学。然而，自库恩的《科学革命的结构》一书发表后，人们意识到这种探讨是不充分的，因为不同文明的认知风格，在认识论上是不可通约的。从 20 世纪 70 年代起，自美国科学史家巴萨拉（George Basalla）1967 年在《科学》杂志上发表的《西方科学的传播》（此文已经有中译文；详见《苏州大学学报》2013 年第 1 期《西方科学的传播》）人们开始从西方殖民主义的扩展史的角度来探索“西方科学何以能全球化”的问题。如派因森的“精确科学与文化帝国主义”的研究。目前，“科学与殖民主义”主题的研究已经成为 STS 一个世界性的热点学术问题，诸多著名国际杂志相继发表一系列专刊。如 Osiris 杂志 1998 年的“超越李约瑟”专刊；Osiris 杂志 2000 年的“自然与帝国：科学与殖民事业”专刊；ISIS 杂志 2005 年的“殖民地科学”专刊，2007 年的“科学与现代中国”专刊，2010 年的“科学的全球史”专刊；Social Studies of Science 杂志 2002 年的“后殖民技科学”专刊；Science, Technology and Society 杂志 1999 年的“科学、技科学与帝国主义的社会史”专刊；Postcolonial Studies 杂志 2009 年的“科学、殖民主义与后殖民”专刊；Science as Culture 杂志 2005 年的“后殖民技科学”专刊；East Asian Science, Technology and Society（台湾）也发表过大量相关文章。

哈金借用莱布尼兹来概括其“历史本体论”：“我们不得不承认理性并不是从上帝那里得来的一种神秘的与永远无法说明的礼物，因此，贯穿于历史之中……正是在历史之中，也只有在历史之中，我们才能获得相对自主的理性原则。”理性的历史发生在“完全特殊的、严格历史的，但完全是一种新颖的文化环境之中……正是在这种完全特殊的文化境中，新的科学思维风格得以生成并繁荣”①。

结束语　生成意义上的历史本体论

从“实验创造现象”到“实验室的自我辩护”，再到“推理风格的历史性凝聚生成”，反映出哈金一直致力于寻求客观性的历史之根，以摆脱实在论与反实在论长期纠结的无果之争的工作。

返回“唯物论”是哈金思想的起点。“我的科学观是彻头彻尾的唯物主义和干预主义者的（interventionist）”②。从古希腊开始，西方哲学在探索本体论问题时，马上就把这一问题转化为“物质是由什么基元所构成?”而这些基元往往是不可观察，结果就使本体论的讨论长期陷入思辨的形而上学之中。这与科学事实相悖，因为科学对象产生于科学家在实验室中的科学实践，用皮克林的话来说，实验室是一个生活的物质世界，但产生出的科学却被哲学家推到抽象的理念世界。因此，拉图尔说“在每一个唯物主义者内心都沉睡者一个唯心论者”③。“唯心的唯物论”实际上是指柏拉图意义上的实在论，它是近现代科学哲学的主线。在近代科学发端之初，伽利略把自然科学严格限制在数学事实之中，认为自然界中真实的和可理解的是那些可测量并且是定量的东西。而像质的差别，像颜色之间、声音之间的差别等，在自然界的结构中不存在，而只是由我们感官所造就衍

① Ian Hacking, *Scientific Reason*, Taiwan University Press, 2009, p. 25.

② ［加］伊恩·哈金：《实验室科学的自我辩护》，载［美］安德鲁·皮克林《作为实践和文化的科学》，柯文、伊梅译，中国人民大学出版社2006年版，第36页。

③ Bruno Latour, “Can We Get Our Materialism Back, Please?”, *Isis*, Vol. 98, No. 1, 2007, p. 138.

生物，是自然物在我们感官上造成的假象，从而人的感觉、感情乃至人的精神生活都被排除在这个所谓的真实的、基本的国王之外。从本体论的角度实现了科学与非科学的最初分界。这样，由洛克提出的“第一属性与第二属性理论”经伽利略之手，就成为整个近代科学运动中的主导性原理之一。正如胡塞尔在《欧洲科学危机与超验现象学》一书中指出，正是“几何化”“这层理念的伪装，使这种方法、这种公式、这种理论的本来意义成为不可理解的”[①]，“生活世界是自然科学的被遗忘了的意义基础。”[②] 胡塞尔认为伽利略之所以能这样做，是因为他毫无批判地接受了古希腊几何学的传统，把它作为一种先验的理念前提，作为所有事物的本体出发，并从未怀疑过数学的前科学起源问题。因此，哈金要求哲学家返回物理学家的现象界，远离哲学家的现象主义，拉图尔呼吁回到一种“真正的唯物论”，即“唯物的唯物论”（material materialism），皮克林主张返回物质世界，林奇希望进入生活世界，达斯顿进入了科学的实践史。物理学家的现象界，就是实验室，一种自然—仪器—科学家的聚集体。

这种聚集体是由哈金所说的15种要素所构成，它们在真实时间中的机遇性相遇、冲撞、调节、适应，直到最后的组合，不仅实现了科学的稳定性，而且还生成了新对象。这就打破了传统的主客二分的形而上学预设。如果说二元分离导致了主动的人类对被动物质不对称的支配性地位，那么，干预性实验则消除了二元分离，显示出一种科学家与世界之间构成性的交互干预，强调了一种人类和非人类（自然与仪器）之间的相互作用，结果，科学就是一种人与非人类之间的相互作用的不可逆的凸现产物。作为认知方式的推理风格，它不仅是人类历史的结晶，而且还规定了新的科学标准，引入新的对象。这种规定与引入，是在真实实践中发生的：“这个（this）只能恰好发生，然后那个（that）也只能恰好发生，等等，在一个独特的轨迹中导致

---

① ［德］埃德蒙德·胡塞尔：《欧洲科学危机和超验现象学》，张庆熊译，上海译文出版社1988年版，第62页。

② 同上书，第58页。

了这一（this）或那一（that）图像"[①]。也就是说，这条轨迹的终点绝不可能事先就被确定，而是在科学实践中机遇性涌现出来。因而，推理风格向我们显示出：在实验室生活中，在人类和非人类的交界处，在开放式终结和前瞻式的反复试探的过程中，真正的新奇对象是如何可能在时间中真实地涌现的。这是一种生成意义上的历史本体论。

不过，在很大程度上，哈金还没有摆脱康德主义的影响，原因在于他并没有对称性地对待人类力量与物质力量。这一点上，哈金与拉图尔与皮克林不同。拉图尔的本体论对称性原则要求平等地对待人类力量与非人类（自然与仪器）力量，然而，哈金更偏重于主体之轴，从"实验创造现象"到"推理风格引入对象与标准"，无一不显示出人类主体性的主导作用。哈金对传统科学哲学的扩展主要有两点：（1）把科学哲学的关注点从认识论与方法论转向本体论，即关注主体的实验与推理风格对对象的建构，在这种意义上，他并没有跳出康德的影响。（2）与康德不同，哈金并没有把实验与推理风格视为先天的，而是认为它们是人类文明与科学发展的结晶，在这一点上，他跳出了康德主义的窠臼。哈金主要以克龙比的科学思想史为依据，克龙比的编史学是内史和非断裂的，结果使他的推理风格思想带有明显的局限性，如用自我辩护技术将社会的因素完全排除掉，使哈金最终退回到了一种内史和外史的潜在划分，并且带有传统真理对应论与表象主义的某些痕迹。正如拉图尔在评论哈金的哲学时指出："你的唯物主义框架——我基本同意——并不包括作为实验室的主要成果的'新现象'。在这一点上，我比你更实在论一些。"[②] 事实上，一方面，处于现实社会中的推理风格不可能完全摆脱社会的影响，社会因素应被理解为一种积极地参与建构的因素；另一方面，一定范围内偶然性因素的存在应作为科学发展的推动力而被接纳，而不是完全排除。造

---

① Andrew Pickering and Keith Guzik (eds.), *The Mangle in Practice: Science, Society and Becoming*, Duke University Press, 2008, p. 34.

② ［加］伊恩·哈金：《实验室科学的自我辩护》，载［美］安德鲁·皮克林《作为实践和文化的科学》，柯文、伊梅译，中国人民大学出版社2006年版，第37页。

成哈金思想局限性的原因在于他缺少辩证法与历史唯物论的训练，无法给客观性的历史之根源给予充分的说明①，这也是当前科学哲学所面临的一个主要困境。客观性的历史之根，也是当代“科学实践哲学”关注的焦点问题之一，拉图尔、皮克林、哈拉维与莱恩伯格（Hans-Jorg Rheinberger）等人从科学实践中异质性文化要素的辩证法出发，探索着科学事实的历史生成性问题，这种研究无论是在内容上，还是在方法上，已经远远超出康德主义，进入了新自然辩证法。这方面的工作值得我们重视。

---

① 2011年8月5日在台湾大学的修齐会馆，笔者曾在与台湾大学哲学系主任苑举正教授就哈金的思想进行过交流。苑教授曾在2007年邀请哈金访问台湾大学。哈金教授在台湾大学期间，进行了一系列讲座。事后，苑举正教授把哈金的演讲编辑成册，由台湾大学出版社出版了英文版著作，Ian Hacking，*Scientific Reason*，Taiwan University Press，2009。哈金2009年获得Holberg International Memorial Prize，在颁奖会上，此书成为他演讲的主要内容。苑举正教授的以下看法印证了笔者对哈金的上述评论：哈金属大器晚成型的哲学家。哈金当年与拉卡托斯同在剑桥求学，并且是很好的朋友。拉卡托斯到英国后，只花了10年的时间，就成为科学哲学界极具影响的人物，原因在于拉卡托斯在匈牙利所接受的马克思主义教育的背景。哈金由于缺少这种背景，真到20世纪90年代中期才开始崭露头角，才开始思考科学的历史性问题，但深度显得不够，研究主题也显得过于庞杂。

第十一章　赛博与后人类主义

虚拟技术、网络世界、赛博时空、机器人、基因工程、器官移植、克隆技术等极富想象力的高科技手段，使当今世界已经进入各种各样的赛博空间。何为赛博以及赛博有何表现？这些问题引发了我们对于赛博的哲学思考并构成本章的研究主线。

第一节　赛博及其影响

赛博是控制装置（cybernetic device）与有机体（organism）的缩写形式。1960 年 9 月，美国航天医学空军学校的两位学者曼弗雷德·克林斯（M. E. Clynes）和内森·克兰（N. S. Kline）发表的《赛博与空间》一文中首次提出这个概念。最初这个概念的提出是为了解决人类在未来星际旅行中面临比如呼吸、睡眠、新陈代谢、失重以及辐射效应等问题。为了克服人类生理机能的不足，两位学者提出向人类身体移植辅助的神经控制装置以增强人类适应外部空间的生存能力。

一　赛博与机器

“赛博”这个词起源于控制论。在控制论发展初期，格雷·沃尔特（Grey Walter）于 1948 年制造了一台名为乌龟（tortoise）的小型机器人，乌龟可以在一个空间里来回踱步并追逐光源和穿越障碍。乌龟的主要特征在于它不需要事先通过集中制图或计算，而是在真实的时间里对所发现的事物做出即时反应，它用光线扫描所处环境，碰到障碍时调整自身并加以运动。“‘乌龟’能够作为本体的榜样：它们住在环境的中心，并与所处环境有密切的联系，而不是针对所处环境的二元分离……到现在为止，沃尔特的成果及其构成举例说明了一种非现代类型的机器人学”。[①] 同样是1948年，控制论先驱罗斯·阿什比（Ross Ashby）创造了同态调节器（homeostat）——如果同态调节器的内在电流超过一定值，它可随意改变其电路系统。在一些电子环境中，同态调节器系统能够不断地改变自身直到它达到一个均衡的构造。[②] 对于控制论之父维纳而言，自动雷达（predictor）是赛博形象的另一个典型代表。维纳说到，控制论起源于在战时他试图制造的一种自动雷达。维纳想通过追踪飞行中的飞机及预测它的位置来制造一种设备用以提高防空火力，这种设备包括雷达设置、信息处理器和伺服电动机。这些早期的赛博形象，既具有机械装置运作精确、寿命长久的特点，也具备人类的某些特质，如感觉、感情以及思维。

伴随赛博一词诞生的还有在医学、仿生学和人工智能等领域出现的对控制论有机体的各种尝试性的实践活动。比如，赛博最初被人们用来称呼人工心脏、起搏器或者义肢等医疗装置，这些装置在人体内或心理上可以起到修复或克制的作用。随着科学技术的发展，人们对于赛博的研究也进一步拓展到更为广泛的领域。比如，人们开始利用技术来重塑身体。此外，赛博的研发也被拓展到士兵的生理机能。加州大学伯克利分校的计算机及人类工程实验室发明的“伯克利下肢外骨骼”就是借助机械辅助装备来拓展和加强人体负重及承受能力的。

二　赛博与生物

赛博在生物学领域的表现更值得人关注——转基因生物可谓当代最具代表性的赛博形象之一。在哈拉维的书中，转基因生物诸如以保鲜番茄为代表的基因改良食品，以及以致癌鼠为代表的实验用转基因动物都被哈拉维赋予了赛博的典型形象：“难以划分其范畴、不知其父母、高度的女性化。”在她看来，转基因生物是拼合的，这种拼合

① Andrew Pickring, *The Cybernetic Brain*, University of Chicago Press, 2011, p. 43.

② Andrew Pickering, “Cybernetics and the Mangle: Ashby, Beer and Pask”, *Social Studies of Science*, Vol. 32, No. 3, 2002.

是指转基因生物的每一个细胞都不是完整和自然的，换句话说，转基因生物是由来自不同细胞的成分拼合而成的。从鲽鱼到番茄、从巨蚕丝蛾到土豆的转基因生物显示出这种拼合不仅超越了物种的界限，而且跨越了动物和植物的界限。在拼合过程中，转基因生物不是由其父母通过有性繁殖而出生的，也不是像某些动物那样进行单性繁殖。事实上，以转基因生物为代表的赛博形象带有模糊性，或者说具有模棱两可、二重性的特点。

三　赛博技术的最新发展

日本NHK电视台于2005年拍摄的纪录片《改变人类的赛博技术》详细介绍了自21世纪以来赛博技术的最新发展状况。比如当今世界已经有人开始将其自身进行赛博化。美国田纳西州的男子在因触电事故失去双臂后装上能随心所欲活动的人工手臂；完全失明的加拿大男子将摄影机拍摄的映像直接传送到脑内得以重见光明，这些医疗福利领域的赛博技术使得人们重获新生。表现更为前沿的是用机械替换部分大脑机能的赛博技术，这项技术已开始运用于治疗人工耳蜗、帕金森、美尼尔氏综合征、忧郁症等疾病，并试图闯入调整个体内心世界的领域。

美国国防部对于赛博技术的应用则扩展到军事领域。研究者专注于赛博士兵——能使手脚力量增强十倍的强力外套，以及能使听力、视觉大幅提高的士兵的研究，通过大脑和电脑的直接连接操纵所有机械（武器）的研究，也正向实用化方向迈进。

四　赛博空间

赛博的兴起使得赛博空间（Cyberspace）成为人们关注的焦点。赛博空间一词由科幻小说家威廉·吉布森于20世纪80年代中叶创造。他在《神经漫游者》中描写了一位经过神经移植术的患者难以适应计算机网络化，把人、机器、信息源都联结起来的新阶段。在基于计算机技术、多媒体技术以及虚拟技术的赛博空间里，信息和知识的传播与交流具有交互性、非中心化、自组织等特点。以信息共享为前提的赛博空间打破了少数人垄断知识的固有模式，将引起人类文化演进过程中的历史性转变。赛博空间改变了人类的认知方式，这将引导人们重新审视传统认识论和方法论中诸如主体、客体、知识等诸多概念。因此，赛博空间不仅给人们的社交与沟通提供了全新的公共空间，而且将改变人们的生存方式和交往模式。

在赛博空间里哈拉维关于转基因生物的研究为我们重新讲述了身份的故事：由于移植了深海鲽鱼的基因，转基因番茄具有很强的防腐保鲜的优点，由此动物与植物的范畴发生了变化；拥有天蚕丝蛾基因的土豆、萤火虫基因的烟草等转基因生物给我们的启示是原有的区别标准都失效了，不同世界之间的联系存在多种可能性。在我们关于动植物和有机体的话语中，不再具有基本的、本体的分离。哈拉维用赛博的概念证明：没有任何物体、空间或身体自身是神圣的，任何成分都可以与其他成分相交界。因此哈拉维的电子人打破了人与动物、人与机器、物理与非物理的界限并颠覆西方传统的科学和政治中有机体与机器泾渭分明的界限，自然与人工、心灵与身体、有机体与机器、男人与女人等西方传统思维中的二元对立模式被打破。透过模糊边界的界限，哈拉维用一种后现代主义的模式描述了赛博跨越边界的特点。

第二节　后人类主义

当今高度发展的虚拟技术、网络世界、赛博时空、机器人、基因工程、器官移植、克隆技术等极富想象力的高科技手段，正在日益消解上述各种二元论的对立范畴。如何从哲学上思考赛博，这就使我们进入后人类主义（posthumanism）。

传统的人类中心主义认为人是一切价值判断的标尺，自然以人类为中心。在吉布森的世界里，占有垄断技术的大公司、统治网络的超级计算机成为世界的主宰，人类在未来数字化世界里沦为信息海洋的一个符号。当代高科技对身体和精神的传统属性的挑战到了匪夷所思的地步，传统意义上的“人”被技术解构了。

一　从后结构主义到后人类主义

继后结构主义与后现代主义之后，后人类主义在近年来已成为另一种重要的“后学”。后结构主义通常被认为是由德里达、拉康和福柯等人的著作中所发展出来的一系列理论的笼统总称。这些后结构主义者的理论虽然各有不同形式，但他们却共同具有某些关联特定语言、论述与主体的基本假设，这些假设形成一种方法论。传统的西方哲学以人为中心，认为人是认知、权利和价值的主体。这个根本的假定也是所有西方文化、科学、哲学、社会制度、政治制度的根本精神。他们认为“人是思想的主体”并且通过理性工具使自己日趋完善。后结构主义颠覆这样的预设，认为主体性不是与生俱来的，而是社会建构的。许多后结构主义的著作基本上都是批判传统哲学中所预设的“一种独特的、固定并连贯的本质，而且这个本质使她/他成为她/他所是（is）的那个人”[①]。摈弃这种人本主义式的本质论，后结构主义预设了一种去稳定的、去中心的以及生成的主体。在某种意义上而言，后结构主义意欲打破传统西方哲学中一切人为前提的二元对立范畴，颠覆普遍必然的结构以及一切先验所指的中心地位。

后人类主义与后结构主义，在质疑自启蒙运动以来人类理性及主体的建构等问题上是一致的。然而，当后结构主义对传统西方哲学中的人类主体地位进行解构（如福柯所说的主体本身是话语的结果），以达到去人类中心化（decentering the human）之目的，后人类主义却强调去人形中心化（de-anthropocentrizing），即让人与物置于同等的“本体状态”。在高科技发展的今天，身体器官可以借由科技的结合延伸演化出各式各样的新物种。因此，身体由传统生物学意义上的“固定本体”转变为具有灵活多变性的存在，人类由此进入了“后人类”空间。其中，人类不再是均质的单一生物学意义上的个体，而是可以转变为具有多元、异质的不同身份。在后人类的观念之中，身体的存在与电脑的模拟，或机械与生物有机体之间，并不存在绝对的划分。后人类主义思潮在技术和科学进步前提下对人类物种本身的哲学

---

① Chris Weedon, *Feminist Practice and Poststructuralist Theory*, Blackwell, 1997, p. 32.

反省，也彰显出“人类日益技术化”和“技术物日益人格化”的当代发展趋势。

二　离身性与具身性

人类日益技术化所带来的争论是“技术可以取代人类”，还是“技术无法取代人类”？对前一问题的强调导致了离身性（disembodiment）的后人类主义，对后一问题的研究走向了具身性（embodiment）的后人类主义。

所谓离身性，我们可以追溯到从柏拉图到笛卡尔的西方哲学，强调身与心的分化对立。女性主义学者伊丽莎白·格罗斯认为“哲学总是将自身认为是首要涉及思想、概念、理性、判断的学科——即涉及那些通过心灵（mind）的概念形成的术语，这些术语排斥或者排除了对于身体的考虑”。她认为包括梅洛－庞蒂、福柯、拉康、尼采和德勒兹等学者都没有认真对待具身性的问题。[①] 自20世纪70年代兴起的后结构主义，更是把知识生产与身体建构的过程进行符号化：身体的一切无非由社会或语言建构出来并加诸于身体的范畴，比如阶级、性别、种族等都是意识形态的产物，都是社会或语言对于身体异化的结果。如福柯的全景敞视建筑（panopticon）[②] 就表明了离身性何以产生。全景敞视建筑将执行纪律者身体的权力抽象成为一种普遍的、离身的规则。当执行纪律者的身体行将消失于技术之中的时候，他们肉体的具身性也就被隐藏起来了。尽管被惩罚者的身体并没有在福柯的解释中消失，然而他们肉体物质性的特点也在技术中逐渐消失，并成为由技术和实践监管的统一模式下具有普遍性的身体。这种对身体建构的过程往往是通过话语信息和物质实践而得以产生，但这些话语信息和物质实践消除了具身性实际上一直承担的情境上的功能。总之，当全景敞视建筑仅仅被抽象为一种普遍机制时，具身的力量就被技术逐渐解构了，福柯由此重构了离身性的全景敞视建筑式的活动。因

① N. Katherine Hayles, *How We Became Posthuman: Virtual Bodies in Cybernetics, Literature, and Informatics*, University of Chicago Press, 1999, p. 195.

② ［法］米歇尔·福柯：《规训与惩罚》，刘北成、杨远婴译，生活·读书·新知三联书店2007年版，第224页。

此，我们要超越福柯的工作的话，就需要恢复理解在铭写、技术和意识形态之间聚集中具身性是如何运作的。

在电子技术和基因工程快速发展的现代社会里，强调离身性的后人类主义观点逐渐占据了上风，这一类后人类主义叙述强调身体是生命次要的附加物，生命最重要的载体不是身体本身，而是抽象的信息或者信息模式（information pattern）。美国学者海尔斯对于这种去物质、去身体的后人类主义倾向感到忧心忡忡。她认为具有批判精神的后人类主义不能离开具身性的身体和物质，她指出："人类已经进入了与智能机器的共生关系之中，有人声称人类将被智能机器代替。然而在人类与智能机器的无缝连接之间存在着某种限度，人类自身的具身性使得这个限度维持人类与智能机器的不同。"①

对于具身性，可追溯到20世纪初西方哲学出现的语言学转向，莱柯夫从心理学和哲学中借入embodiment这个词，用来强调"身体"在"塑造（shape）精神"时所起的决定性作用，其目的就是强调身体活动在认知中的基础作用。② 海尔斯对于具身性也做出了自己的解释，她认为无论在任何时代，从西格蒙德·弗洛伊德的精神分析学到大卫·赫伯特·劳伦斯的小说，具身性的体验都与身体的建构之间有着不断的相互作用；具身性并不是脱离文化而独自存在的，而是重叠于文化内部。

具身性的后人类主义有两个关键术语——信息和身体。具身性的后人类主义允许人类在身体内外部进行信息传播，同时通过使用信息技术作为辅助手段以拓展自身能力。人类的发展进入了"后人类阶段"，正如海尔斯在研究控制论历史时指出，历史特定建构产物的人类正在为另一种被称为后人类的另类建构产物让路。在《我们如何成为了后人类》中，海尔斯说"建构赛博最重要的因素是将有机身体和对于身体进行辅助的延伸连接起来的信息通道"③。海尔斯的后人

---

① N. Katherine Hayles, *How We Became Posthuman: Virtual Bodies in Cybernetics, Literature, and Informatics*, University of Chicago Press, 1999, p. 285.

② 冯晓虎：《论莱柯夫术语"Embodiment"译名》，《同济大学学报》（社会科学版）2010年第1期。

③ N. Katherine Hayles, *How We Became Posthuman: Virtual Bodies in Cybernetics, Literature, and Informatics*, University of Chicago Press, 1999, p. 2.

类概念与哈拉维对于后人类的理解相呼应——赛博是由人类和具身的信息组成。她们对于后人类的理解意味着身体从肉体的局限中解放出来并增强身体的机能，换句话说，身体的局限能够通过连接作为辅助的与延伸的信息技术走向各式各样的本体状态。人类被后人类所解构，后人类是一种赛博体，由人类和智能机器、肉体和信息技术共同建构。海尔斯向我们叙述了一些关于人工生命（artificial life）的故事，通过这些故事，她传达了人工生命不仅是科技，而是与政治、权利运作息息相关的信息。①

三 技术物日益人格化

从西方启蒙时代开始，二元论强调人类的理性能区别人与动物及世界上其他事物，并将人类置于动物和其他事物之上。从赛博角度看，人类的大脑不仅是一种思维的机器，而且还是一种行动的机器，即人类大脑既能够获取信息也能够对信息进行处理。这意味着人类大脑不仅是认知性的同时也是操作性的：人类大脑能够参与身体行为以及世界上正在发生的事情。因此我们可以说大脑操作性的观点直接颠覆了笛卡尔式的二元论：如果认知性将人与动物及世界上其他事物区别开来，那么可操作性则使人与动物及世界上其他事物具有共同之处。

阿什比建造的同态调节器为这一论断提供了佐证——同态调节器为了与它所处的环境达到动态平衡可以随意地重新配置自身。皮克林在其论述中多次提到“自动雷达”这一战时装置，自动雷达能够自动追踪、预测和定位飞机，并朝它开火，这个过程结束后又重新回到静止的状态。自动雷达是一种彻底的现实装置，它深植于真实的时间并在其中预测飞行的轨道。自动雷达推断飞机的飞行曲线，对时间序列进行解读，它像人一样利用、推断并且处理信息。② 皮克林认为由

---

① N. Katherine Hayles, *How We Became Posthuman: Virtual Bodies in Cybernetics, Literature, and Informatics*, University of Chicago Press, 1999, p. 231.

② Andrew Pickring, "A Gallery of Monsters: Cybernetics and Self-Organization, 1940 – 1970", Franchi S., Güzeldere G. (eds.), *Mechanical Bodies, Computational Minds: Artificial Intelligence from Automata to Cyborgs*, MIT Press, 2005, pp. 229 – 245.

于这些材料（material）极具独特的威力，出现科学和军事的社会转向。"要建立一个尚待完善的后人类或赛博的社会理论来描述人类力量（科学家、战斗机机组人员等）与非人类力量（雷达等）之间的交互作用，上述理论视角是必不可少的。"[①] 无论是同态解调器还是自动雷达，这种与环境的调适进一步颠覆了笛卡尔的二元论，呈现出一种大脑与世界在结构上同行的观点。

在哲学上，人类日益技术化和技术物日益人格化所带来的则是后人类主义的"本体论转向"。对于这一本体转向，柯文[②]已做了深入分析，此不赘述。

四　辩证的新本体论

在近现代本体论思想的研究中，主流的本体论是基于现代性的二元论，即预先确定的自然/文化、人类/机器、主体/客体和身体/心灵等分离。哲学本体论往往是在思辨层面上研究那些早已存在并且是无孔不入的客体所组成的永恒世界。后人类主义的本体论不会对客体的存在与消失做出理论上的解释，而是在破除二元论神话的基础上，根据经验的案例研究，去考察人与自然、主体与客体是如何相互建构的，我们在建构世界的同时，世界也以同样的方式在建构着我们。

在赛博科学观形成过程中，哈拉维的工作成功地破解了传统的二元分离。她在《赛博宣言：20 世纪晚期的科学、技术和社会主义的女性主义》一文中提出，赛博是指称人与动物、人与机器、物质与精神等界限崩塌后的一个新本体，她借助这个新主体来超越目前各种身份认同（族群、种族、性别、阶级等）彼此矛盾冲突的困境，同时建构一个多元的，没有明确的边界、冲突、非本质的本体论。在哈拉维看来，我们都是拼装而成的机器与有机体的混血儿，赛博即是我们的本体。根据哈拉维的观点，赛博使自然、机器和人的关系改变了，

---

① Andrew Pickring, "Cyborg History and the World War II Regime", *Jianghai Academic Journal*, 2005, p. 6.

② 柯文：《让历史重返自然——当代 STS 的本体论研究》，《自然辩证法研究》2011 年第 5 期。

因为它穿越和搅浑了技术史中习以为常的边界。

哈拉维认为，20 世纪晚期美国的科学技术文化经历了三个关键的界限突破：一是突破了人与动物、动物和植物之间的界限，如带有深海鲽鱼基因的番茄；二是突破了人与机器的界限，如 20 世纪晚期的机器已经模糊了自然与人工、思想与身体、有机体与机器的区分；三是突破了自然与非自然的界限。① 诚如哈拉维所言："最好的机器是由光组成的；它们都是轻而清洁的，因为它们不是别的，是信号、电磁波、光谱片段，并且这些机器都是不寻常的便携式的、移动的。"②

哈拉维认为，赛博的出现并不仅仅是关于机器与人类的拼合，还可以通过对话语进行编码来理解后人类世界。为此，哈拉维把自身与另外两种身体跨界的衍生体——致癌鼠（Oncomouse）和女性男人（female man）联系起来。致癌鼠是一种用于研究乳腺癌的实验老鼠的生物体，而女性男人则通过基因编码跨越了身体上的性别界限，同时改变基因。在这个编码过程中，自然意义上的身体是被质疑的，因基因重建而被改变的身体才是被重视的。它们通过在信息结构中的位置，使得作为符号的身体得到了重新界定。不过，哈拉维赛博女性主义并没有跳出西方哲学传统中研究身心与意义关系问题的传统，所不同的是，她试图模糊身心关系的界限，消除主客体的界限，从一种主客体的知识论研究进入本体论研究的范畴。由此我们说哈拉维赛博女性主义还缺乏一种生成与演化的历史维度，而拉图尔与皮克林的工作则试图增添这一历史维度。

在致癌鼠出现之前，它存在于自然界之中吗？在二元对立的框架中，逻辑经验论认为致癌鼠一直静躺在"自然"之中，科学家的所做不过是去"发现"它。而社会建构论却认为致癌鼠是科学家为树立其权威而建构的"强制性通道"。首先，不同的框架赋予致癌鼠不同的地位，前者强调致癌鼠主动地引导科学家进行思考并使其成为被

---

① 李建会、苏湛：《哈拉维及其"赛博格"神话》，《自然辩证法研究》2005 年第 3 期。

② Donna Haraway, " A Cyborg Manifesto: Science, Technology, and Socialist-Feminism in the Late Twentieth Century", *Simians, Cyborgs and Women: The Reinvention of Nature*, Routledge, 1991, p. 153.

动的观察者，后者强调致癌鼠是被动地由科学家所建构。其次，如果仅有主客二体的视角，我们就不能合理地理解科学史。科学理论有其历史，但致癌鼠却没有这样的历史。在真理对应论中，致癌鼠要么永远“自然”存在，要么从来不存在。科学史家解释这是由于他们进行多年探索后所发现的正确答案，然而科学史家提供了主体的历史，却未曾解释客体的历史。赋予主体以历史的真实性却剥夺了客体的历史，使科学史与科学哲学面临一个没有历史的客体和有历史的理论之间的矛盾。因此拉图尔说：科学史“不过是人类进入非历史的自然的一条通道……避免相对主义的唯一途径就是在历史中收集那些已经被证明为事实的实体，并把它们置于一个非历史的自然之中”[①]。

为此，拉图尔提出广义对称性原则。在科学家研究之前，致癌鼠存在吗？“从实践的观点来看——我是说从实践上看，而不是从理论上看——它并不存在”[②]。在科学家“发现”之前，致癌鼠的原型小白鼠在其他地方经历了自己的历史。致癌鼠并非隔离于历史，它是科学家在实验中与自然—工具—社会机遇性地集聚在一起，如生物学家与技术专家、实验对象、实验仪器、哈佛大学、杜邦公司、美国政府等各种异质性要素在实验室中地方性集聚，形成一个行动者网络，最终将作为原型的小白鼠建构成一个稳定的实体——致癌鼠，这就是客体的建构，这种建构过程受制于实验室的地方性社会条件。在这个过程中，实验室研究不仅建构出新的客体——致癌鼠，同样也改变了其中的主体与社会秩序，主体与客体都在彼此的建构中获得了新的属性，并最终获得了自己的新本体地位，形成一种人与物协调发展的历史进程。如在这个网络中，一种全新而特殊的科学共同体应运而生，这个共同体的成员开始具备了建构致癌鼠的各种知识、技能与能力。作为一个客体，致癌鼠是这个科学共同体的客体，反过来，这些科学家也是这个客体的主体。当然，致癌鼠也改变了社会关系，如围绕致癌鼠的专利权，杜邦公司（出资方）与哈佛大学（研究方）展开了

---

① Bruno Latour, *Pandora's Hope: Essays on the Reality of Science Studies*, Harvard University Press, 1999, p. 157.

② Bruno Latour, *Irreductions Part II of The Pasteurization of France*, Harvard University Press, 1988, p. 80.

激烈斗争，最后导致美国政府介入其中斡旋，争议结果是哈佛大学获得致癌鼠的专利权，杜邦公司获得致癌鼠的经营权。因此，皮克林说：我们看到“在物之繁涌中，在人类和非人类的交界处，在开放式终结和前瞻式的反复试探的过程中，真正的新奇事物是如何在时间中真实地涌现出来。”[①] 这是一种生成本体论，2010 年 9 月皮克林教授在南京大学马克思主义社会理论研究中心演讲时将其称为“辩证的新本体论”。这种本体论具有后人类主义的色彩，因为它使自然、文化、人类、机器、主体、客体、政治等都处在一个异质性杂合的动态网络中，彼此间辩证地冲撞着的杂合新本体论。在《我们如何成为了后人类》一书中，叙述（narrative）和故事（story）是贯穿始终的重要概念，在海尔斯看来，所谓科学其实也就是故事，而后人类主义固然有其物质基础，更为重要的是它根植于具体历史、社会脉络之上的文化叙述，有其具体的、特殊的具身性历史，而非抽象的、超越历史的知识。[②]

结束语

赛博科学观为我们提供了一个心/身、文化/自然、男/女、自我/他者、主体/客体等二元对立范畴被打破的赛博世界。由于二元对立结构的崩塌，形成了一个所有“中心主义”都消失的赛博世界。赛博世界中所涌现出来的是后人类主义，它研究一个关于人类和非人类对称的、去中心的冲撞与生成过程中。用梅洛－庞蒂的话来说，这是一种“自我—他人—物”体系的重构，一种经验在科学中得以构成的“现象场”的重构。[③] 在其中，“客体”之所以成为“科学”的，“主体”之所以能够获得自己的新身份，处于一种新的社会关系之中，是

① Andrew Pickering and Keit H. Guzik, *The Mangle in Practice: Science, Technology and Becoming*, Duke University Press, 2008, p. 3.

② N. Katherine Hayles, *How We Became Posthuman: Virtual Bodies in Cybernetics, Literature, and Informatics*, University of Chicago Press, 1999, pp. 21－23.

③ ［美］希拉·贾撒诺夫等编：《科学技术论手册》，盛晓明等译，北京理工大学出版社 2004 年版，第 112 页。

因为它们是在实践的建构过程中生成的，在时空延续过程中生成的，是历史与情境的产物。同时，这种研究使我们进入一种新本体论，即历史本身就是一个社会与自然、主体与客体共同演化的过程，赛博在这个过程中形成一种二元崩塌之后具有强烈历史感的后人类主义的科学观。

第十二章　库恩与布尔迪厄思想研究——从“范式”到“科学场”

长久以来，科学哲学都将科学视为某种对自然的认知，在认识论维度垄断科学的哲学内涵。这种传统源于康德，他通过思维形式对外在客体的决定性作用，建构出脱离于自然的先验认知范畴。在康德看来，处于知性层面的科学认知，是运用先验存在于人类思维中的纯粹范畴，“去综合感性所提供的经验材料”①。但这种先验的认知范畴约束着现实的人，悬置于科学实践活动之上。为了拒斥这种形而上学对科学的干扰，逻辑实证主义否定先验认识形式的存在，提倡科学是按照既有的逻辑和法则发展，但这法则本身并不内在于思维，而是对外在自然最为本真的反应。这一朴素、机械的科学观念破除了先验的普遍法则对于科学的束缚，却又掩盖了人类自身的力量。

库恩和布尔迪厄重拾了康德的认知形式，并将“康德式的‘先验’的普世主义演变为一种相对化的合理性概念”②，即将康德意义上普遍化的先验认知形式发展为历史化的动态认知结构。科学知识的形成是认知结构不断再生产的过程，科学知识也并不源于先天的、固定不变的理性认识，而是在历史发展过程中，通过认识和实践活动不断建构起来的。在这基础上，新实验主义的代表人物哈金更是将这种在欧洲科学领域中的认知结构（科学思维风格）具体分为六类：“数

① ［德］伊曼努尔·康德：《康德三大批判合集》，邓晓芒译，人民出版社2009年版，第4页。

② Ian Hacking, *Scientific Reason*, Taiwan University Press, 2009, p. 32.

学的、假设的、实验的、分类的、统计的和传承的。”[1] 这种认知结构在历史中“凝结”并不断自我辩护，同时保持相对稳定性，对象、命题、论证都是在科学思维风格下获得成为真或假的可能性空间。所以，在整个科学哲学的发展历程中，对于认知结构的研究贯穿始终，是不可忽略的重要问题。

第一节　库恩“范式—科学共同体”模式：认知结构的历史转向

库恩将在自然科学领域中的认知结构称为“范式”（paradigm），并将其作为科学与非科学划界的标准。范式表示某种“公认的模型或模式”[2]，是科学共同体所达到的确定性共识。而这种共识又聚集着一群行动者形成科学共同体，并指导着这群科学家如何认识与实践。一方面，范式源于科学家群体自身的承诺，涵盖了本体论、认识论和方法论上所达到的共识；另一方面，范式规训着科学共同体，这种规训兼备两个层次：一是作为科学共同体“解题”的工具，包括基本定律和假设、数据归纳和分析的标准方法、仪器制造和使用的技巧等。二是作为形而上学的信念，即相信自然本身是如何的，并因此培养着人们看待自然的方式。这样，科学家生活在范式所带来的信念之中，按其信念所思、所做，并进行知识的生产，他们在不同范式下感知着不同的世界。所以，逻辑实证主义所强调的中立观察并不存在，范式作为基本的文化预设，“渗透”在科学家认识和改造实践的过程之中。

库恩对于科学认知结构的历史化具体表现在两个方面：第一，科学认知结构本身不是先验的、固定不变的，它存在着萌芽、成熟、消亡的具体历史过程。第二，科学的认知结构是在不断更替之中的，范式之间的新老更替更是一个相当复杂的历史过程，并极具偶然性和随

---

① ［法］皮埃尔·布尔迪厄：《科学之科学与反观性》，陈圣生等译，广西师范大学出版2006年版，第7页。

② ［美］托马斯·库恩：《科学革命的结构》，金吾伦、胡新和译，北京大学出版社2012年版，第19页。

机性。实证主义认为科学发展是一个科学成就不断累积的过程，是一个新事实、理论和方法不断堆砌的过程。但在库恩的视域中，科学的发展是非连续性，是常规科学与科学革命之间相互交替的过程，是不同范式之间的更替过程。在前科学阶段，科学行动者之间进行各种力量的博弈，在争论中确认一种认知方式，一旦这种认知方式占据主导地位，并统摄着大多数的科学活动，范式就得以产生，并由此迈入了常规科学阶段。在常规科学阶段，科学家们“不断地解决它的范式所规定的问题或谜题”①，以此来巩固共同体的权威地位和实现该范式下的科学进步。解谜的同时，反常不断积累并转化为危机，辨别是非的纲领不再为科学家所信任，科学家面临着传统范式与新范式之间的矛盾与抉择，一旦他们放弃为原有范式添加辅助性假说的努力，并寻求与“旧范式完全不能并立的崭新范式”②，那么科学革命得以实现，科学家所看到的自然世界也发生了格式塔的转换。这种格式塔的转换，在库恩看来，只能通过非理性的因素（权力、修辞）加以解释，并不存在理性或超越理性的依据，甚至更多时候，可能类似于“普朗克效应”，即坚持旧范式的人死去后，坚持新范式的人才能在科学界占据主导。

科学认知结构作为将科学共同体聚集起来的共识，并不指代预先设定的一致性的标准化解释或一致性的统一规则，而是立足于获知知识的“生活形式”之中。科学家们接受一致性的教育和专业训练，获得一定的专业素养和对某一范式的信任，从而形成科学共同体并达成各种共识，构建出动态的科学认知结构。在这基础上，这些范式之间保持着不可通约性和不可比较性，新范式相比于旧范式并不具备优越性，只是在解决同一问题时，更具效用性或意义性，比如托勒密体系与哥白尼体系在不同角度各有千秋，只是哥白尼体系更具美学意义。由此，科学进步也不再是通过证实或证伪得以实现的，而是约束在具体范式内，特指常规科学阶段中范式内部解谜的进步。相对应，

---

① ［美］托马斯·库恩：《科学革命的结构》，金吾伦、胡新和译，北京大学出版社2012年版，第139页。

② 同上书，第79页。

在革命阶段，新旧范式的交替并不存在进步性。所以，科学的认知结构的发展过程“是一个从原始开端开发的演化过程，其各个相继阶段的特征是对自然界的理解越来越详尽，越来越精致。但是，这一进化过程不朝向任何目标”①。传统的实在主义认为科学是一个由自然界预设好的接近真理的过程，库恩否定这种科学的发展模式，一旦外在的客观自然规律成了科学认识和活动的标杆，人类思维的作用就会被完全否定，人成为自然的奴隶。

传统认识论赋予自然至高无上的地位，人类只能被动地去发现自然的各种属性。相反，康德将自然规律看作先验存在于人类思维中的存在物，自然界本身无所谓秩序。库恩同样斥责将“科学当作外在自然的反应”的理论形式，认为科学是不同范式下科学共同体主动认识与改造自然的产物。基于此，库恩将逻辑实证主义的“主体符合自然”模式转化为“自然符合主体”模式，彰显出主体间性在科学领域中相对于外在自然的优先权。后期库恩针对各种批评，不再单独谈论认知维度的“范式”，反而通过“科学共同体”来界定前范式与后范式阶段，通过科学共同体之间的实践活动来超越科学共同体的认识活动，也就是说，以社会学来界定认识论，从而进一步加剧了科学认识结构的社会化趋势。尽管如此，库恩仍认为科学共同体的具体结构是社会学的研究问题，并不主张科学哲学家或科学史学家对结构进行深入探究。但是，布尔迪厄彻底打破科学哲学与社会学的研究界限，完全模糊了赖欣巴哈所坚持的“辩护的逻辑”与“发现的语境”的二分，甚至将科学共同体的结构关系作为科学哲学的主要研究内容，使科学认知结构脱离传统的认识论维度，走上知识性和社会性相结合的道路。

第二节　布尔迪厄“科学场—习性”模式：客观结构与主观习性的张力

20 世纪以来，现代科学的发展面临着全新的挑战，科学不仅表

---

① ［美］托马斯·库恩：《科学革命的结构》，金吾伦、胡新和译，北京大学出版社 2012 年版，第 142 页。

达着自身的诉求，还负载着外界赋予它的使命，利益、权威、政治压制等不断骚扰着本想居于象牙塔中的科学。一方面，科学不再局限于认识，技术也不再局限于实践，呈现出科学技术化和技术科学化的双重态势；另一方面，实验室研究和大工业生产（实用研究）之间的界限不断消减。科学技术开始了社会化、国家化的进程，科学家的活动范围从实验室走到了社会，从自身的学术追求转向直面社会需求，现代科学的发展也不再仅仅是认识论意义上的发展，它更与社会、文化、伦理等联系在一起。基于科学所面临着崭新的发展需求和现实问题，布尔迪厄将本来停留在社会学领域的“场域—习性模式”应用于科学领域，形成了作为科学与非科学划立界限的“科学场”，并力图通过科学认知的客观结构与主观习性的有效互动来实现科学自律与他律间的张力。

在布尔迪厄的视域中，社会作为一个“大场域”，是由相互独立又相互联系的“子场域”所构成的，科学场仅是社会大场域中某个特定的“子场域”：一方面，科学场存在于社会场域中，与其他场域保持着一定的关联性，并具备同样的社会属性；另一方面，在社会场域中，科学场是极为特殊的“子场域”，拥有其他场域无法比拟的独立性与特殊性。科学场作为“一个汇聚了具有一种结构意味的各种力量的场，同样也是一个进行着这些力量的转变或保持着斗争的场”①，并不是静止不动的固定空间，而是一个充满交往和竞争的客观关系的空间，场域中各种力量之间的相互博弈，使场域保持着活力。首先，各个行动者、孤独的研究者、设备或者实验室等作为活动因子构成了这个具备一定结构的科学场，这些活动因子又在场域中保持着斗争性。其次，这些活动因子所具备的力量“取决于它所拥有的各种不同类型的资本的数量和结构”②，也就是说，科学场的结构即不同活动因子之间客观关系的空间，并且这些位置是由这些活动因子所争夺的资本在场域中的地位所决定的。最后，在场域中占据有利位置的决定因子会通过各种策略来确保或改善他们在场域中的位置，并有意或无

① Ian Hacking, *Scientific Reason*, Taiwan University Press, 2009, pp. 57 – 58.

② Ibid. , p. 59.

意地迫使科学的发展最大程度上符合自己的利益，成为现有“常规科学”最有力的捍卫者。由此，科学资本的分配结构决定着这些活动因子在场域中的位置，并最终决定着科学场的结构。

在科学认知的具体结构上，布尔迪厄认为库恩“把科学世界描述成被中央标准统治的共同体”[①]，把范式看作先于个体、脱离于个体的独立存在，并最后以强权的形式施加于科学活动，塑造着中央集权的科学认知结构，从而磨灭了科学家个体的能动作用，每个科学家都沦为了科学集体意识的奴隶。所以，在布尔迪厄看来，尽管科学场是由客观关系所构成的系统，但是场域中的各种活动因子，并不是无意识的存在物，而是有意识的、有知觉的人及其建构出的产物。科学场不同于逻辑实证主义所认为的对自然界的“冰冷”反应或对理性的服从，而是有着自己的性情倾向系统——习性（habitus）。这种科学场的习性表达了科学家的技能，具体而言，是“处理一些问题的实践意识，以及处理那些问题的合适方法”[②]，是科学行动者以某种方式来感知、行动和思考的倾向，这种倾向是每位行动者通过科学场的客观条件和社会经历的相互作用而无意识地内在化于个体之中的。由此看来，第一，习性是与科学场的客观结构紧密相关的主观性的体现。习性的形成受场域的影响，在社会规训下逐渐形成，并不完全脱离于科学的客观结构。第二，虽然习性表现在个体身上，但它还具备集体性。通过教育和专业训练等社会规训，科学场中的科学行动者不需要借助集体性质的规定就能产生方向一致、步调统一的科学实践活动，这种集体性质的习性会脱离于具体的个体，表现为某一科学团体统一的行动方针，并保持相对的稳定性。第三，习性是历史性的，既是先天的又是后天的：一方面，它是专业教育所产生的“被结构”的产物；另一方面它组织着一切经验的感知和鉴赏。所以，习性“作为一种处于形塑过程中的结构，同时，作为一种已经被形塑了的结构”[③]，本身并不是固定不变的，它具备生成性和开放性，在经验的影响下不

---

① Ian Hacking, *Scientific Reason*, Taiwan University Press, 2009, p. 29.

② Ibid., p. 66.

③ [法] 皮埃尔·布尔迪厄、华康德：《实践与反思——反思社会学导论》，李猛、李康译，中央编译出版社1998年版，第184页。

断调整自身的结构。

布尔迪厄关于场域与习性思想的提出，很大程度上立足于克服实证主义与传统唯心论的对立，前者认为科学知识是人类消极的复制，后者认为科学知识完全是人类思维的主观建构。因而，科学场一方面指称着客观关系的空间，另一方面展现着主观习性的实践力量，正是这两者的相互运动，保证着科学认知结构的稳定与活力。在这基础上，布尔迪厄更是试图通过科学自律性与他律性间的张力，来维护科学认知结构的独立性，并在此根基上拓展其社会性。布尔迪厄提出，区分“子场域”的一种最明显的特征就是自律性程度，除此之外，还包括新征收的“入场费”的力度和形式。这保持着一定的关联性（自律性越高，征收的入场费越高）的两方面构成了科学场区分于其他场域的关键性因素。就科学的自律性而言，最重要的因素就是“数学化”，它使得职业者和爱好人员之间的、内行和外行间的鸿沟越来越大，对数学的掌握成为科学（特指物理）的“入场费”，由此“不仅减少了读者的数量，还减少了潜在的生产者的数量”[①]。就科学的入场费而言，一方面它揭示着研究者的科学资本，如数学解题能力。同时，它表达了一种相对非功利性的虔诚，科学场中的行动者并不追逐于外在于科学场的社会地位，它更多关注于通过同行评议所获得的场域地位的保障。这种相对无功利性的活动本身是社会制度规训的产物，是通过学校和家庭的双重教育形塑出的一种性向。高昂的入场费和无功利的虔诚，使科学场成为所有社会场中自律性最高的场域。而这种高度的自律性并不是唾手而得的，它依靠于科学行动者在历史中周而复始、永不休止的努力来逐步获得并不断发展。

自律性极高的科学场具备了封闭性，使科学场服从于一种完全不同于政治等场域的逻辑。虽然库恩的“范式—科学共同体”模式已开始引入社会因素，但库恩本人仍强调科学共同体与社会相互隔离，科学家所应重视的是同行评议，并不需外行人士的介入，基于此，科学家能集中更多的精力在科学研究上，而不必考虑伦理价值问题。布尔迪厄的自律性与库恩所强调的同行评议有着异曲同工之处：首先，科

① Ian Hacking, *Scientific Reason*, Taiwan University Press, 2009, p. 98.

学只实施于那些具备认识和承认它的感知范畴的行动者，即仅限于科学共同体范围内的人士。其次，科学行动者被赋予特殊的感知范畴，只有那些已积聚了足够科学资本的行动者才能进入科学场。最后，科学资本作为受到承认的象征性资本，其价值只在科学场内中获得认可，其分量本身也随着其同行竞争者对他承认的程度的变化而变化。也就是说，科学场中的行动者通过同一场域内的同行评议获得准入的资格，并通过同行的承认程度丈量自身象征性资本（科学资本）的分量，最终这种象征性资本产生一种封闭的效果——排斥其他场域的干预，从而保持着科学场的独立与自律。

虽然科学场保持着特定的封闭性，但是社会场域的属性本身，使它又不可避免地接受着社会的裁决。科学场强调纯而又纯的科学功能，但其内部仍有着相当强的社会功能，即与该场域中的其他行动者所形成的某种相互关系。科学场的具体结构作为“科学斗争的先导者之间的力量关系的态势”①，由在该场域中起作用的两种资本分配结构所定义：科学的和社会的。科学场的自律性从来都不是完全的，该场域中的行动者所采取的策略都是既科学又社会，一种是科学本身的权威性资本，另一种是施加于科学世界的权利资本。后者不是通过科学世界本身的机制积累而来的，而是科学场的现世权利的体现。而现世权利的分配采取与科学本身权利逆向的分配形式，也就是说，在社会介入之后，科学家自身的能力在科学荣誉方面得到削弱。因此，不同于逻辑实证主义所提倡的完全自律，也不同于库恩只强调科学共同体的封闭性，布尔迪厄更看到了他律对于科学场的作用，比如科学家在科学场中的地位支配着科学家说话的可信度。正是他律性的引入，布尔迪厄科学场才能保持着自律与他律之间的张力，这种张力保证着科学的独立发展，更保证着科学与时俱进，直面现实世界的评判。也正是对于他律性的引入，布尔迪厄将社会性纳入了科学认知结构的范畴，使得科学认知结构从停留在小科学阶段的知识性特征发展为大科学阶段的知识性与社会性的双向特征。

---

① Ian Hacking, *Scientific Reason*, Taiwan University Press, 2009, p. 98.

第三节　科学认知结构的知识性与社会性的统一

在科学领域，普遍认为，库恩是科学的谋杀者，揭开了“社会”这个潘多拉的盒子，将祸害带到人间，彻底改变了科学的原有形象。作为科学史学家的库恩，凭借着对于科学历史的研究和认知，意识到科学并不是对普遍理性的追求，而仅仅是一项特殊的人类活动，人类主体在科学活动中具有举足轻重的作用。由此，库恩改变了科学家以及普通民众对于科学形象的认知，破坏了实证主义为科学所塑造的普遍、客观的光辉形象。基于此，布尔迪厄致力于重塑科学的客观性和真理性，既不将科学妖魔化，又不将科学神圣化，从而树立起既具备合理性又不以先验理性为依据的科学形象。而这种科学形象的建构不能一味地忽视社会的作用，更不能以“社会”解构理性的科学认识，它需要认识论与社会学双维度的努力。

逻辑实证主义认为，场域中各个行动者都能按照进行精心安排的方法和程序，并按照有意识、计算好的目的来运行的。科学社会学认为，科学是为科学共同体广泛接受，并“借助于话语约定俗成的自动性逻辑”①，如默顿的共有主义。但这两者都是理想化的思想，科学的实践活动被描述为自觉地遵循某种理想规范而进行的无私利性交易的集体活动，并为共同的目的而奋斗。此外，还有很多科学家把科学生活看作一部分人反对另一部分人的“战争”，科学场成了纯粹斗争、相互敌视的场域。布尔迪厄认为科学场既不是圣人（磨灭了习性的主观性），也不是暴徒（磨灭了结构的客观性），它有竞争，也有合作，既有习性的主观能动效应，又有结构的客观保证：一方面，科学场内的各因子保持着相互的斗争性，这种斗争性保证着科学的发展；另一方面，科学场中的方法和规则等会将科学家团结在一起，这种团结保证着科学的相对稳定。

这些认识论意义上的规则实际上是一些“社会规范”，是科学争论时所遵循的规则和调节冲突采取的手段。这些规范一方面具有封闭

---

①　Ian Hacking, *Scientific Reason*, Taiwan University Press, 2009, p. 77.

性——局限在该领域下的同行竞争中；另一方面这些规范要接受外在实在世界的裁决，这些规范本身会受到外在于场域的利益、市场等因素的驱动。由此，科学场作为集体共识的建构，并不受到某种认识论、方法论或逻辑等超验规则的制约，而是“受到其所从属的场域强加的特有的社交性原则的制约”①，这些社交性原则在外界的影响下形成，满足于外在世界建立的各种限制条件（如审查），最后这些社交性的原则又施加于场域中科学共同体的实践活动。科学场中的每个行动者在科学实践过程中也会“无意识”地符合所在团体所要求的社会规范，以此来与同行相互交流，并在这基础上面对同行的质疑或信任。可见，每个场域都有着特定的逻辑、法则和规范，它们保证了场域内部主体间信息的交流、报酬等荣誉的分配。

通过将科学资本和社会制度安排的先验性作为从事科学实践活动的前提条件，布尔迪厄试图从康德的先验认知形式转向社会化的认知结构。布尔迪厄从康德主义的视角重申“客观性是主体间性”②，但是康德的主体间性基于经验与先验之间的截然二分，并将先天的认知结构作为获得认识一致性的基础，相反，布尔迪厄的主体间性基于“从经验上观察（如场域等）的社会—认知结构”③，这种认知结构应具备社会属性，并不完全脱离于经验。科学场不需要超验性的存在来挽救其理性，科学场内部本身就“存在着有助于产生‘更优秀的议论力量’的象征力量与利害斗争的关系”④，科学场会在自身形成的过程中建立起某种社会规范来协调场域内部的关系与秩序，从而实现科学场自身的稳定与发展。而这些规范的存在使得行动者的竞争或合作符合稳定的评判机制，同时这一评判机制也在逐渐符合行动者的共同需求，权力（利益）与能力（理性）间的矛盾会逐渐在竞争的过程中得以消除。

在布尔迪厄看来，科学认知结构并不是理性的、超脱的，而是历史性的，是许多科学行动者在不断竞争与合作的过程中逐渐达到的主

① Ian Hacking, *Scientific Reason*, Taiwan University Press, 2009, p. 121.

② Ibid., p. 132.

③ Ibid., p. 133.

④ Ibid., p. 139.

体间性的产物，是场域中各行动者相互协商并达到一致的结果。科学理论、科学实践甚至于科学家本身都是社会制度规训出来的，只有满足了这些社会限制条件，科学场内的作用关系才能实现。由此，理性主义的理性（规范的约束作用）和社会建构的利益（科学场中占主导性者对于规范制定的权威作用）在这里得以结合。布尔迪厄一方面强调规则是社会共识；另一方面又强调按规则进行，从而通过将逻辑性的证实过程社会化，来实现知识性与社会性的统一。科学行动者并不由外在自然所定义或受内在理性所引导，并以此来按照先验规定好的行动纲领行动，而是在保持着动态性的历史之中进行科学实践，承受着由其内部力量争斗所产生规范的约束，并充分发挥自身的能动性。所以，布尔迪厄的客观性变成了真实的社会现象，是科学场内部协商、建构出的客观性。同样地，科学真理也是由社会规范所建构出的，科学并不是永恒的，而是历史的。在科学场中，存在着最为纯粹的内在驱动力，这种驱动力使得科学家们不断试图追求真理，故真理本身“是科学场所具备的完全独特的条件下完成的一种凝聚着集体效能的产物”①，是同行学者在竞争过程中不得不进行合作的必要，这种合作既有冲突的一面，又符合某些规则的一面。真实在社会制度所安排的“历史”之中产生。

在科学哲学思想历史化的历程中，库恩虽然实现了认知结构的历史转向，但其研究叙述还停留在认识论层次，并没有更多地涉及社会学领域。此后，科学社会知识学试图在大科学背景下对科学知识生产过程进行社会学的重构，但是社会学维度的过度解读，导致科学逐渐被妖魔化，甚至直接取消了科学本身。正是在这一大背景下，布尔迪厄以社会学的维度来建构科学，一方面坚持动态科学认知结构自身的能动性；另一方面强调社会机制对科学认知结构的约束性，由此达成认识论意义上的科学与社会学意义上的科学之间的调和。科学场中不仅具备人类思维的力量，更具备社会的规范力量，从而重塑保持自律与他律张力的科学形象。

---

① Ian Hacking, *Scientific Reason*, Taiwan University Press, 2009, p. 145.

结束语

逻辑实证主义强调主体必须要获得自然对象的认可，基于此，主体与对象间的关系才能生效；库恩强调自然对象只能在科学共同体所获得的共识（范式）的范畴内才能得以显现；布尔迪厄强调社会规范对于科学场的影响，这种社会规范又源于科学行动者内在的集体共识与外在社会规则制约间的相互作用，社会机制安排出科学家群体来面向自然。由此，科学作为对自然的认知，被西方哲学建构为主客体间的博弈关系，但这种博弈关系并不必像逻辑实证主义所认为的那样被动，反而具备极强的主体能动性。库恩和布尔迪厄重新回到了康德的认知结构，但不同于康德的先验认知模式，库恩和布尔迪厄重新架构出各自的动态认知模式。两者的动态认知结构之间又保持着继承性和发展性，这不仅表现在认知结构的模式上，还体现在认知结构的获得方式上：库恩强调看不见的共识，布尔迪厄自己强调看得见的制度安排。而这一思想区别不仅与他们所关注的科学发展阶段相关，更与两者学术背景相关：库恩立足于对实证主义的批判，而布尔迪厄是在库恩、科学社会学、科学知识社会学、实验室研究（科学实践转向）等基础上进行的研究，其处于不同的科学与科学哲学思想的发展阶段，在一定意义上两者的思想具有承接性，体现着整个科学哲学在20世纪的思想走向。

库恩通过对科学认知结构的历史化，使人成为自然的主人；布尔迪厄通过对科学认知结构的认识性与社会学的统一，使人成为科学实践的具体场所并从中产生知识的社会世界的主人，而两者的结合演绎着科学认知结构中“人的自我发现之旅”。最后，科学事业的历史和社会分析的意图，如同布尔迪厄所提到的，并不在于将科学简单限制在具体的历史情境之中，而在于“让从事科学工作的人们更好地理解社会运作机制对科学实践的导向作用”①，让生活在技术化时代的人类更好地认识与反思科学。

① Ian Hacking, *Scientific Reason*, Taiwan University Press, 2009, p. 1.

第四篇

生成本体论——一种具有历史感与时间性的本体论

第十三章　生成中的科学："唯物论转向"的哲学意义

正是通过实践舞台中的行动，而不是理论，理性和知识得以构成，社会生活得以组织、再现和变迁。1992 年，皮克林主编的《作为实践与文化的科学》一书，构成了科学哲学中"唯物论转向"的标志。这种"转向"对主流科学观提出了哪些挑战？它的哲学意义何在？这些就是本章所尝试探索的主要问题。

第一节　理论表象的困境

科学哲学中的实在论与社会建构论（或强纲领 SSK）之间存在着严重的分歧，甚至是激烈的冲突。但却持有相同的哲学立场——表象主义，都关注科学知识在反映论意义上的表象。

从本体论的角度看，两者都是以康德式主体与客体之两分的这条界限作为自己工作的出发点。科学实在论一直以"自然"作为其认识论基础，在其中，客体没有能动性，被各式各样强加在它们身上的模式或范畴所塑造。客体唯一的任务就是确保我们知识的超验的客观性，以避免遭受唯心主义的谴责。在思考知识与它所指称的事物之间的认识论关系时，科学实在论视科学知识是以逻辑语言为中介而呈现出来的抽象表象，这造成了物质和社会的语境缺场。这种将知识从其实际语境中抽象并表征出来的做法，就源于主流科学哲学的"发现的语境"与"辩护的逻辑"的两分。

这种两分受到社会建构论者的强烈批评。就解释科学知识而言，社会建构论认为建构的社会语境是不可消除的。然而，从认识论的角度来看，社会建构论并非是一种反叛，因为社会建构论“追随着涂尔干的理论，突出了实验室的丰富的混乱现象中的两个组成部分。一部分是可见的：知识——SSK 一直是一种认识论的纲领，继承了知识的哲学传统。另一部分是社会，社会被理解为隐藏的秩序，如利益、结构、习俗或其他类似的东西。因此，SSK 认为社会是某些先验的东西，能够被用于对尚存疑问的知识进行解释”①。因此，像科学实在论一样，社会建构论试图挖掘隐藏的社会结构，寻求知识的社会表象，区别仅仅在于表象内容从科学实在论的“自然”变成了社会建构论的“社会”。从这种意义上来说，社会建构论走向了另一极端，用社会来解释自然，知识是对“社会”这种本体的反映。

哈拉维把表象主义类比于几何光学，是一种反射（reflection）。用镜子照，就是要提供一种精确的几何形象或表象，忠实地复制被照的东西。表象主义源于20世纪中叶的“语言学转向”，这种转向赋予了“语言”太大的权力，随后出现的“符号学转向”“解释学转向”“文化转向”，每一次转向的结果就是最终把“客体”转化为一种逻辑语言或其他形式的表象。允许语言去塑造或决定我们对世界的理解，相信语言的主语与谓语之结构反映出一种先验世界的潜在结构。这是社会建构论与科学实在论的共同形而上学基础。语言与文化具有能动性与历史性，而“客体”却被表现为被动的与永恒的，充其量承载着来自语言与文化的历史而引起的变化。我们直接接触的是文化表象的活力，缺乏的是被表象的“客体”的生命。这样，表象主义眼中的科学不仅是去语境化的，而且还是非历史的。这导致在科学哲学的长期发展中，自然的历史性始终没有进入哲学家的视野。“他们缺乏历史感、他们仇恨生成（becoming）……哲学家长久以来把科学变成了木乃伊。”②

总之，科学哲学与社会建构论之争，实际上都是基于西方哲学传

---

① ［美］安德鲁·皮克林：《作为实践和文化的科学》，柯文、伊梅译，中国人民大学出版社2006年版，第2页。

② ［加］伊恩·哈金：《表征与干预：自然科学哲学主题导论》，王巍、孟强译，科学出版社2010年版，第1页。

统中主客二分的理论表征实在的反映论，这是“一个人类学空想从洞穴人到赫兹有关实在与表象的观点。这是一则寓言”①。正是这种表象主义的科学观，使我们始终处在“我们是否真实地反映了我们的世界”的“方法论恐惧”② 之中。这种恐惧构成了我们所熟悉的实在论与反实在论的哲学困境。“要在理论层面上论证科学实在论，检验、说明、预测成功、理论会聚等，都是限定在表象世界，科学的反实在论因此永远都挥之不去，这一点也不奇怪了”③。也就是说，建立在符合论基础上的表象主义无法逃避实在论与反实在论之间的两难选择。如何消除这种表象论的困境，哈金呼吁“从真理和表象转向实验和操作”④。这就是科学哲学中“唯物论转向”的学术背景。

第二节　实践舞台上的操作

从操作的角度去研究科学，就是把焦点从作为“理论”的科学转向“行动”或“实践”中的科学，在自然、仪器与社会之间机遇性相聚的真实时空——实验室生活中去研究科学，这是拉图尔呼吁回到“唯物论”的初衷。正如皮克林指出：“科学是操作性的，在其中，行动，也就是人类力量与物质力量的各种操作居于显著位置。科学家是借助于机器奋力捕获物质力量领域的行动者。进一步说，在这种奋力捕获中，人类力量与物质力量以相互作用和涌现的方式相互交织。它们各自的轮廓在实践的时间性中涌现，在实践的时间性中彼此界定、彼此支撑。”⑤ 对操作中科学的研究，首先要突破主体与客体的截然两分，破除反映论意义上的镜像关系的本体基础。其次要赋予

---

① ［加］伊恩·哈金：《表征与干预：自然科学哲学主题导论》，王巍、孟强译，科学出版社 2010 年版，第 VIII 页。

② ［美］安德鲁·皮克林：《实践的冲撞》，邢冬梅译，南京大学出版社 2004 年版，第 6 页。

③ ［加］伊恩·哈金：《表征与干预：自然科学哲学主题导论》，王巍、孟强译，科学出版社 2010 年版，第 217 页。

④ 同上书，第 VIII 页。

⑤ ［美］安德鲁·皮克林：《实践的冲撞》，邢冬梅译，南京大学出版社 2004 年版，第 19 页。

"客体"以力量或能动性，以理解在实验室中物与人之间力量或能动的冲撞。这种研究的起点是拉图尔的本体论对称性原则。即"在对人类与非人类资源的征募与控制上，应当对称性地分配我们的工作"。[①]也就是说，我们要在人类与非人类（客体与机器）这两类本体关系间保持对称性态度。拉图尔的主要思想是，首先，用人类和非人类取替主体和客体这对范畴，其次，符号化人类与非人类这对范畴，最后通过"铭写""转译"等概念分析人类与非人类之间在属性上的相互交流，于是，人类开始具有了非人类的属性，非人类也开始具有了人类的属性（如能动性）。这样，主体与客体、自然与社会之间的二元对立在本体层面上被清除。新本体论成为以两者内在行动为基础的一个行动者网络，出现了一种"社会与自然之间的本体论混合状态"。"在行动者网络理论的图景中，人类力量与非人类力量是对称的，两者互不相逊，平分秋色。任何一方都是科学的内在构成，因此只能把它们放在一起进行考察。"[②]

拉图尔的本体论对称性原则构成了科学哲学中"实践转向"的起点。其行动者网络理论最具吸引力的特征是"它对物质力量的承认能够帮助我们避开表征语言的'咒语'，它为我们指出了一条直接转向对科学的操作性语言描述的道路。"[③]在实验室生活这一唯物论的舞台上，对称性起着这样的作用：人类力量与非人类力量不能相互决定或还原，而是内在地彼此关联与交织，在瞬间涌现中相互界定、相互支撑，在相互作用中实现稳定。这是双向的运作，它们以复杂的方式缠绕在一起，各种仪器是科学家与客体进行冲撞的中心。作为人类力量，科学家建造出各种各样的仪器和设备去捕获自然的力量，要么使这种力量物化，要么驯服这种力量，从而建构出科学事实。在这一过程中，具有动机性的科学家会试探性地构造一些新的仪器去捕捉自然的力量。然而，自然本身会展示自身力量或能动性，使实验时常不会按科学家的预期运行，表现出自然对科学家的阻抗，即科学家在实践

① Bruno Latour, *Science in Action*, Harvard University Press, 1987, p. 144.

② ［美］安德鲁·皮克林：《实践的冲撞》，邢冬梅译，南京大学出版社 2004 年版，第 11 页。

③ 同上书，第 12 页。

中有目的地捕获自然力量的失败。随后科学家就会进行积极的调节——对其目标和动机的修正、对所使用的仪器的物质形态的改进、对其行动框架和围绕行动框架的社会关系进行调整，等等。在反复不断的调节中，科学家、仪器与自然最后达成了适应性相容，从而建构出科学事实。适应就是人类在应对物质力量阻抗时产生的积极策略。在目标指向的实践活动中，调节以力量的舞蹈的方式发挥作用。这种被捕获的物质力量是受制约的人类活动与机器运作之间反复调节的结果。这是“一种阻抗与适应的辩证法”①。

为使科学从几何光学的表象主义的陷阱中摆脱出来，哈拉维关注衍射（diffraction），而不是反射。何为“衍射”？波遇到障碍物时呈现的弯曲、重叠和扩散的现象就是衍射。相干波在空间某处相遇后，相互之间产生干涉作用，因位相不同，会引起相互加强或减弱的不同的物理现象。一个经典的衍射实验是，当光通过缝隙时，通过的光线被分散。在缝隙的另一侧放一个记录仪，可以在屏幕上看到光线穿过的时间轨迹。用哈拉维的话说，这个记录展现了光线通过缝隙时的历史。“衍射图样是关于异质性的历史，而不是镜像的原型的历史”。②衍射用操作性描述代替表象主义描述，关注焦点由描述与实在的对应转向唯物论舞台上的实践和操作中的对象生成。科学实践中政治、经济、技术、道德的交织，各种行动者的交互作用都在衍射中生动展现。哈拉维特别关注于将政治与价值融入实验室舞台上的思考。

衍射图样依赖于自然—仪器—社会的细节，任何一个要素的改变都可能会导致衍射图样的整体面貌发生变化。可见，衍射是异质性要素的栖居地，并强调用差异的眼光去看待实验室的实践。衍射图样记录的光线轨迹同样揭示了时间的生产性和空间的开放性，放弃了表象的形而上学。哈拉维认为，知识生产实践的主体与客体不是预先就存在的，而是在实验室舞台的操作中瞬间涌现的。瞬间的机遇性涌现是内在历史性的标志。衍射给我们最具价值的启示之一就是应在历史与

---

① ［美］安德鲁·皮克林：《实践的冲撞》，邢冬梅译，南京大学出版社2004年版，第20页。

② Donna Haraway, *How Like a Leaf*, Routledge, 2000, p. 101.

时间，即生成中去把握科学与世界。

第三节　一种生成意义上的实在论

“唯物论转向”对科学的基本理解是：科学是操作性的，在其中，行动，也就是人类力量与非人类力量的各种共舞居于显著位置。我们不需要在反映论意义上探讨“知识与对象”的对应关系，因为自然、知识与社会都是建构科学实践中的异质性要素，它们在自然—机器—社会，这一实验室舞台上机遇性相遇，彼此共舞、彼此界定，其表现方式是阻抗与适应的辩证运动，并在这种辩证运动中实现了开放式终结（open-endedness），于是各种新本体（科学事实）涌现、生成或内爆出来。这种转变不仅带来了研究科学的丰富场所，而且还引起科学观上的重要变化，其中，最重要的变化表现为从认识的反映论走向了本体的生成论，展现出科学及其理论的历史性。

一　生成意义上的实在论

从表象语言转向操作活动会导致一种不同的实在论，因为我们不需要在反映论意义上探讨知识与自然的关系。反之，我们将去探讨在实践中，知识与自然的关联，是如何在仪器操作与概念活动的相互作用中被建构出来，并在时间中演化着。思考科学实践的物质操作性，并不意味着我们可以忘记科学的表象特征。如果没有科学的观念和表象的维度，我们就不能对科学进行分析。自然界与表征世界的联合，支撑起特定的事实和理论，并给予理论以精致的形式。人类力量通过仪器来对自然力量捕获，依赖于三者在实践中的机遇性共舞。这种共舞中，自然会以随机的能动方式，渗入并影响我们对它的表象之中。这样，在作为科学实践的有机组成部分的科学理论与自然界之间就展现出一种交互反应式的干预。在这种特殊意义上，实践舞台上的冲撞提供给我们一种生成意义上的实在论——科学事实是自然—仪器—理论三者的共舞完成的开放性终结的生成结果。这种生成论的解释一方面阻止通向“自然本身”的科学实在论之透明窗口；另一方面拒绝了社会建构论之“纯粹的主体建构”。因为，科学事实之所以成为

"科学的"，是说它是在人与物质之间共舞的开放式终结时生成的结果，因此"对于这些非确定性的成就，我们无需有任何担心和恐惧：我们不需要彻夜不眠地躺在床上担心知识完全飘浮在其所反映的客体之上"①。在这种意义上，生成意义上的实在论消解了反映论意义上实在论与建构论之间的两难困境；因为它的出发点是从自然—仪器—理论之间的共舞实践中去探讨科学事实的生成或起源的问题，而不是考虑认识如何通过仪器去达到符合自然或社会的对应问题。这样，在起点上就消除了探询反映论问题的任何动机。

二　生成意义上的"理性重建"

在讨论传统的认识论主题，如观察、测量、理性、客观性等时，主流的科学哲学都是去寻求一种"理性或逻辑重构"认识论纲领，因而对"发现的语境"与"辩护的逻辑"进行了截然的区分，并把自己的工作严格限制在"辩护的逻辑"之中。而生成意义上实在论在消除了这种严格的二分基础上，研究这些术语在实验室活动中如何"显现"，并由此探索这些"显现"如何上升为"辩护的逻辑"中的"理性重构"。换言之，用一种"自然观察的基础"去填补科学实践与科学文本之间的裂缝。如伽利略摆的等时性定律实验是由以下3方面所构成：（1）摆（带有预先就设计好的具有反比关系长度的线上悬挂着三个球）；（2）操作性技能（如用两只手如何把握三个球并同时释放它们）；（3）演示实验所显示的内在规律——平方反比定律。（1）（2）属于"发现的语境"，（3）属于"辩护的逻辑"。在发现的语境中，实验者利用仪器操作出一种可视的现象领域：三个下垂的球在一个水平轴上由三条长度不同的线悬挂着，它们在一种机遇性情境中同时摆动着。这要求实验者必须具备操作摆的特殊技能，即要让三个球摆动出一种等时性运动现象。只有通过实验者熟练的实践技能，其面前的工具——球、弦、轴与独特的位置之间才会显示出一种操作秩序。这意味着尽管"释放球"是一个自然事实，但摆的等时性现

① ［美］安德鲁·皮克林：《实践的冲撞》，邢冬梅译，南京大学出版社2004年版，第218页。

象却不是，它是具身在技能中的实验的“生成”结果。这种结果随后在操作区域中显现出一种数学秩序——时间与长度的平方成反比。这就是伽利略式摆的“发现语境”中的秩序，林奇称为“索引性表述的理性特征”（rational properties of indexical expressions）。[①] 最后，当不同的实验者通过反复实践，把握了相关的具身性技能，操作出摆动的实验秩序，并发现了其中时间与长度的平方反比定律时，就会生成出一种集体共识。这样，摆演示出来的内在几何秩序被扩展到集体的观察过程之中，主体间达成共识，伽利略摆的等时性定律就从“发现语境”中的“实验秩序”上升为“辩护的语境”中的“数学秩序”。因此，传统科学哲学时常把伽利略的工作解释为符合一种先验的宇宙秩序（如毕达哥拉斯的数学美）的信仰时，生成意义上的实在论却展现出这种“理性重建”的“生活世界的起源”。

三 生成意义上的“客观性”

生成意义上的实在论是从实践舞台上各种异质性要素之间的共舞去思考科学的客观性，它并不会为客观性寻求一种可靠性的超验基础，更不会破坏客观性，而是要问“在何种意义上，数学的（或科学的）知识能被称之为客观的，每一次加 2 的数数规则与根据这一规则来进行的运算之间的‘内在关系’，无疑是这一规则能够扩展到一新情形中的充分基础。不存在研究这种关系的心理的、生理的机制或外部的社会决定的基础。”[②] 这种解释实质上是把客观性从存在的实体性转向实践的过程性：传统科学实在论的一个核心立场是预设一个独立于人而存在的外部世界，有了这个本体论承诺，真理符合论才变得可能。生成意义上的科学观并不否认外部世界是独立于人类而存在，也不否认它是科学研究的对象，但它不是符合论意义上的本体承诺，而是参与科学实践、建构科学事实的物质力量。科学事实就是“这种物质力量—仪器—科学家力量”之间的辩证运动中瞬间涌现出

---

① ［美］迈克尔·林奇：《科学实践与日常活动——常人方法论与对科学的社会研究》，邢冬梅译，苏州大学出版社 2010 年版，第 331 页。

② ［美］安德鲁·皮克林：《作为实践和文化的科学》，柯文、伊梅译，中国人民大学出版社 2006 年版，第 228 页。

来的一种开放性终结，一种暂时的稳定性。因此，科学事实并不是前提，而是结果，一种在实践中生成出来的新客体或"显现"，它不是物自体，也并非居于形而上学的抽象本体世界，而是内在互动之结果真实的客观实在。如果我们承认实践的优位性与整体性，那么，讨论关系之外的客观性就没有意义。这类似于海德格尔所说的"世界的绽露"（world disclosure）："世界不可能是知识的对象——因为它完全不是一个对象，不是一个实体或一组实体。对任何内在世界关系而言，它是实体得以显现在其中的一个领域。"[①]

四　科学的时间性与历史性

生成实在论"是从另一个不同角度审视瞬间突现——在时间上向后看，而不是向前看"[②]。第一，它否认实践舞台上各种要素（无论是概念的、物质的还是社会的）具有先于并独立于实践过程的属性和存在，它们都是在实验过程中随机性相遇而瞬间涌现出来的，这种轨迹的终点也绝不可能事先就被确定。"这个（this）只能恰好发生……然后那个（that）也只能恰好发生，等等，在一个独特的轨迹中导致了这一（this）或那一图像。"[③] 因而，科学具有时间上的开放性。这样，聚集体不仅仅代表人与物在认识论上的关联，而且也代表相互作用着的异质性要素之间在本体论上的不可分性。在本体论上，客体、仪器与主体的力量、内涵、意义、界限都只能内生于共舞的实践之中，在实践中得以相互界定或启动。反过来，人类力量与物质力量的聚集体只能在实践舞台上，而不是外在于实践去控制实验，特别是其中不会存在任何固定不变的东西能够决定实验的下一步进展，更不会存在一个能决定实验扩展向量的算法规则。也就是说，实践舞台上人与物之间的共舞只能在真实时间中展现出来。第二，事实之所以是"科学的"，是因为它的生成机制是转译、共舞或内爆，这意味着不可逆、不确定、非还原、涌现，因而具有内在的时间性。这种生成的

---

① Stephen Mulhall, *Heidegger and Being and Time*, Routledge, 2005, p. 96.

② ［美］安德鲁·皮克林：《实践的冲撞》，邢冬梅译，南京大学出版社 2004 年版，第 241 页。

③ Andrew Pickering, *The Mangle in Practice*, Duck University Press, 2008, p. 2.

科学事实不仅是客观的，也是开放式的结果，是后继实践活动中的一次次去稳（destabilized），以及相应的一次次再稳定化重建的基础，由此构成了科学事实生成与演化的生生不息的历史图景。这表明科学事实不仅具备自己的独特生命或能动性，更具有自己的生成、演化或消亡的历史。第三，正像科学事实在实践的真实时空中生成并演化着一样，受制约的人类力量也在实践中瞬间涌现了。在与物质力量之间的微妙共舞和融合中，科学家的计划、动机、认知、实验技能等在调节中被物质力量反复诱导、界定和修正。这样，科学家的主体性，特别是其操作实验的技能便是在不断的调节过程中得到重新界定、改进或认可。也就是说，人类的主体性也处于瞬间涌现之中，也处在实践的真实时间中生成与演化的历史过程之中。用梅洛-庞蒂的话来说，就是一种“自我—他人—物”体系的重构，一种经验在科学中得以构成的“现象场”的重塑。这些重塑使社会秩序与自然秩序、主体与客体出现了共同生成、共同存在与共同演化的耦合关系。

结束语

“唯物论转向”使科学哲学转向了科学实践的舞台，摆脱了科学实在论与社会建构论共享的表象主义的两难困境，让我们从表象走向操作，展现出一种生成意义上的实在论：事实之所以成为“科学”的，是因为它是在物质力量与人类力量之间的辩证共舞过程中生成的，在不可逆的时间中真实地涌现出来的。这种生成同时也是开放式的稳定，是后继实践活动中的一次次去稳化，以及相应的一次次的再稳定化重建的基础，因此构成了科学演化的生生不息的历史图景。与此相应，实在、理性与客观性等并非是对先验对象的镜像式反映，而是在科学实践中生成并演化着的认识论范畴。当然，人类的主体性也处于瞬间涌现之中，处在实践的真实时间中生成与演化的历史过程之中。总之，人与物之间交互式的共舞，不仅重塑了主体与客体，自然与社会，而且还使人类与物质、社会与自然处于共生、共存与共演的耦合关系之中。这就是当代科学哲学中“唯物论转向”给我们的哲学启示。

第十四章　后人类主义与实验室研究

对于“实验室研究”，本章所指的不是科学家的实验室研究，而是指人文社会学者深入科学实验室内部进行的“常人方法论”研究。这是科学论中“实践转向”的标志。其代表性作品有拉图尔与伍尔伽的《实验室生活》（1979 年）、皮克林的《建构夸克》（1986 年）、特拉维克的《人理与物理》（1988 年），诺尔－塞蒂纳的《实验室研究》（1995 年）等。“实验室研究”源于何种学术背景，其内涵与意义何在？这些就是本章要探索的问题。

第一节　后人类主义：一条重拾唯物论的进路

人类进入 21 世纪以来，新闻里就充斥着自然界给人类社会所带来的各种灾难，海啸、飓风、龙卷风和地震，使死亡的钟声一声甚过一声，而人类却强撑着等待下一次灾难。然而，哲学界对此却缺乏一种敏锐的洞察力。自从 20 世纪中期的“社会学转向”，一种后现代主义出现后，科学论（science studies）就专注于社会，特别是人类的建构能力，这种能力通过构造自然的观念来建构自然科学。我们人类是我们所审视的一切的创造者。正如拉图尔所说：在哲学界的主流传统中，“人类是最完美的化身，他们确立了物的世界，而后者被剥夺了发言的权力……进而导致一种机械的、无意义的存在”。[1] 然而，社会建构论者无法解释上述自然界所造成的灾难。是我们的概念建构

① ［法］布鲁诺·拉图尔：《我们从未现代过》，刘鹏、安涅斯译，苏州大学出版社 2010 年版，第 17 页。

了那场摧毁了汶川的大地震？还是建构了破坏美国新奥尔良的卡特里娜飓风？社会建构论者告诉我们，我们是以社会的方式来理解所有这些事件的，正是这种理解建构了它们的实在性。然而这种解释却漏失了某些东西，因为在这些事件中，物质实体被摧毁，生命在流逝，所有这些都显示出自然界本身的巨大破坏性，并不是完全的人类所为。毫无疑问，我们的确是以共同体的方式去理解我们的世界，但我们同样不能疏忽一个超越社会的物质世界。教条式地信奉社会建构，就不能解释自然界的实在和破坏力量。自然界所发生的灾难性事件表明，我们需要一个新的思路来理解我们所生活的世界，来理解科学，这就是一条重拾唯物论的进路。这条进路的出发点就是对社会建构论的批判。不同学术领域发现社会建构论缺乏物质性，它没有能力将物质维度引入理论和实践中，也没有能力探讨除了社会之外的任何东西，给理论强加了一种让人难以接受的限制。这条进路另一个同等重要的出发点是，我们不能返回到植根于现代性的科学哲学的主流。科学哲学只谈惰性的物质，哲学的目标是安置好这些无生命与历史的物质，发展镜像式反映自然的概念。灾难性事件中所显现出来的自然的巨大破坏力，是这种哲学无法解释的。在自然与社会的二分中，科学哲学选择了自然一方，将其目标界定为追求对实在的精确描述。社会建构论选择了社会一方，坚持认为社会建构了实在。后现代主义虽然一直在宣称要解构自然与社会等各种二分，然而事实上，社会建构论者却没能做到，他们滑向了社会的一边，排斥自然。社会建构论者不愿谈论自然，因为自然与现代性相关，于是他们干脆无视它。因此，科学论所面临的挑战，就是做社会建构论宣称要做却没有做成的事：解构自然与社会的二分，确立一种理论定位，它不给予自然或社会任何一方以特权。显然，要在当前的学术氛围中达到这个目标是困难的，因为社会建构论已经深深地嵌入了当下的主流学术文化之中。我们现在需要做的就是界定一条把物质重新带回来的新进路。这条进路必须能容纳社会建构论，但却不会犯它那种排斥自然的错误，还必须解释物质世界的能动性，也不能退回到现代性中对自然的镜像式反映。新的进路必须描述自然与社会、人与物之间复杂的相互作用。“自然与社会的本体混合状态”是新进路的出发点，这就是拉图尔的“广义对称性原则”（the principle of symmetry generalized）[①]，又称为“本体论对称性原则”（the principle of ontological symmetry）。这一原则引发了当下一种新的学术思潮：后人类主义（posthumanism）的科学论研究。后人类主义并不主张“人之死”，用物取代人，而是反对人类中心论，赋予物质以能动性或力量，将人类力量与物质力量结合在一起考察，并在这种“本体混合状态”中探究（1）传统科学哲学中的主题，如合理性、客观性、真理等问题；（2）自然、科学与人类社会的共生、共存与共演的文化哲学问题。拉图尔、皮克林与拉哈拉维等人都在寻求科学实践中各种人类与物质的因素的融合，主张放弃单一性的决定论思想，提倡多元化因素之间共存与共舞。他们将物的因素郑重其事地请入实践，与人的因素一起建构科学。这种研究，用拉图尔的话说则是“追踪行动者的行动”，用哈拉维的话说是“自然与文化的纠缠与内爆”，皮克林则称为“人类与物质之间的阻抗与适应的辩证法”。

第二节　实验室研究：我们与世界的双向建构

拉图尔的“本体论对称性原则”消除了自然与社会的截然二分，在物质与人类之间保持对称性态度，坚持从两者之间交织的本体状态，即“发现的语境”或科学实践的舞台上去追踪科学的建构与生成的问题。为此，拉图尔等人提出来的行动者网络理论。行动者网络理论对称性地看待人类与物质（科学实践中的异质性行动者），众多行动者的联合行动就会结成一个建构科学的网络，网络形成的内在机制是转译（translation）。科学事实就是在“一种社会与自然之交织态的成功的转译网络”中生成出来的。

当科学研究从理论优位转向实践优位时，人类力量与物质力量共舞的舞台——实验室研究就成为关注的焦点。实验室研究是科学方法

---

① ［法］布鲁诺·拉图尔：《我们从未现代过》，刘鹏、安涅斯译，苏州大学出版社2010年版，第107页。

论无法囊括的新领域，它把人们的目光从方法论转向了科学的文化活动。用梅洛-庞蒂的话说，实验室研究是一种“自我—他人—物的体系的重构（reconstruction of the system of self-others-things），一种经验得以在科学中构成的‘现象场’（phenomenal field）的重塑。这些重构的结果使社会秩序和自然秩序以及行动者和环境之间的对称关系结构发生了变化”[①]。在梅洛-庞蒂看来，“自我—他人—物”的体系并不是一个独立于行动者或者独立于内在的主体与客体，而是一个行动者所经验到的，或相关于行动者的世界。

实验室“改进”了自然的秩序，使社会秩序中的日常生活能够经验到它。实验室研究的对象，并非是那些“纯粹的自然对象”。事实上，实验室很少利用那些存在于自然界的纯对象。相反，实验室所采用的是这些对象的电子图像，或它们的视觉、听觉等效果，或它们的某些“纯化”的成分或形态。用诺尔-塞蒂纳的话来说“自然秩序的时间尺度便臣服于社会秩序的时间尺度——它们主要受制于研究的组织与技术”。[②]

实验室同时也“提升”了社会秩序。如果我们把实验室看作一个具体的时空场所，它不仅创造性地重构出相对于科学家来说是“可操作的”对象，而且还重塑出具有操作相关仪器能力的科学家，即科学家在重构自然的同时，自然也以同样的方式重构了科学家。实验室研究因而显现出一种特定的“自然—仪器—科学家”的新秩序，一种“常人方法论”的现象场。

更为重要的是，实验室并非是一个封闭的空间，社会必然会介入其中。在实验室知识的建构过程中，科学家必须动员科学共同体之外的群体。哪些群体会出现，这依赖于有待研究的特定情境：基金委员会、仪器制造商和销售商、传媒、国家管理机构等，其中某些或所有这些群体都可能参与其中。对于科学论来说，重要的是寻找到科学共同体与这些群体之间结合的机制，以及外部群体的要求和利益等影响

---

① ［美］希拉·贾撒诺夫等编：《科学技术论手册》，盛晓明等译，北京理工大学出版社2004年版，第112页。

② 同上。

科学知识的那些机制。拉图尔就采用“转译”这一概念来指称这种机制。转译把铭文、技术装置和人类行动者（包括研究者、技术专家、实业家和政治家等）结合在一起，构建出一个产生科学事实的网络。“转译”表明，在实验室活动中，科学事实不仅是通过认知与技能，而且还是通过一个社会化的过程来实现的。如“转译”的含义之一就是指我如何劝说某些群体接受我的科学发现，让他们相信采纳我的研究增加他们自身利益，让他们对自己的利益进行重新界定，从而与我的利益相吻合，并自愿践行我的成果，愿意以某种方式在进一步的研究和讨论中再现我的发现，从而与我的科学“发现”结成同盟。这样，科学家就“征募”不同的“行动者”，把他们变成一张能稳定科学对象的关系网络中的各个节点。也就是说，在实现自身认知目标的过程中，科学家必须借助于修辞技巧与政治策略去吸引相关的群体，包括其他的科学共同体，基金机构、仪器和实验材料供应商、投资者、听众、科学管理机构，等等，让这些技术的、社会的、经济的和政治的群体都参与了实验室研究中。反过来，如果某一节点出了问题，如某一投资者撤出，整个关系网络就可能崩溃，那么科学家的发现就会丧失其科学地位。

在社会介入实验室研究的同时，实验室研究也以同样的方式重塑了社会。如在有关巴斯德的研究中，拉图尔认为“转译”的过程还涉及对社会的改造。如在经过一系列的磋商之后，科学家们成功说服了参与实验中的农民接受消毒、清洁、保存、记录等的工作。这样，巴斯德将他的实验室扩展到了农场的范围之内，很多的农场都被改变了。也就是说，巴斯德改变了法国农场的条件，他的疫苗接种方法在这些地方因此具有再生产性。此外，巴斯德还以更普遍的方式改变了法国社会，例如卫生专家借助于巴斯德和微生物的力量，成为当时法国的政治、经济和社会关系中的第三个党派。可以说，巴斯德借助于微生物将各种社会力量调动起来，在这种调动中重构了整个法国社会。微生物是食品加工和疾病传播的中介行动者，是社会关系（卫生和传染过程就植根于其中）的中介行动者。因此，实验室本身不仅是变迁的行动者，而且也是一种重塑社会的手段。这就是拉图尔所称的

“法国的巴斯德化”。[①]

实验室研究“聚合”了自然秩序和社会秩序。在这种聚合中，科学不仅受到了社会的介入，而且科学也介入了社会。科学、技术或社会之间就处于杂合状态或组成一个无缝之网，这是“大科学”阶段科学技术国家化的主要特征，拉图尔用一个术语“技科学”（techno-science）来称谓它。正因为如此，不少学者把科学技术论（science and technology studies）与科学、技术与社会（science，technology and society）视为同一术语。这一术语就意味着，科学实践哲学不能把科学限制在纯粹理性的范围之内，它要求认识主体要对自身的界限、预设、权力和影响进行反思。我们的认识活动作为生活世界的一部分，不仅参与自然的构成，而且参与社会的构成。这决定了科学在认识论上、本体论上与伦理上结合的可能性。作为实践的科学，它在概念上、方法上和认识上总是与特定的权力相互交织在一起。因此，科学，作为干预的认识活动，在当下的全球化背景下，要对与认识相联系的参与者负责，要对生活世界负责，对世界的存在负责。

第三节 实验室研究：认知与伦理的结合

20世纪末，随着生物信息技术、克隆技术、转基因技术、人工智能、纳米技术、太空技术等新技术手段的出现，人类进入了“赛博”——人类与非人类的混合本体科技的时代。赛博作为高技术产品，指称自然与文化、人与动植物、人与机器，精神与物质等边界崩析中所诞生的一个新产品——自然—仪器—人的聚合本体。哈拉维在《赛博宣言》中是这样界定“赛博”这种本体：“赛博是一种控制论有机体，一种机器和机体的杂合，一种社会建构和一种幻想相结合之物”[②]，它是在科学、技术、政治、经济、伦理之间错综纠缠的技科学情境中生成的。哈拉维认为，这些技科学情境中的产儿，必然带来

---

① Bruno Latour, *The Pasteurization of France*, Harvard University Press, 1988.

② Donna Haraway. *Simians, Cyborgs, and Women: the Reinvention of Nature*, Free Association Books & Routledge, 1991, p. 149.

本体论上的变化。赛博模糊了自然与文化、非人类与人类等二元对立的范畴，是打破边界的杂合体或混合本体。如美国孟山都公司 1994 年上市的基因改良番茄，是一种新的赛博本体，具有很强的防腐保鲜性，这种保鲜番茄是因为移植了深海鲽鱼的基因而实现的，跨生物界的移植让人赞叹不已。动物与植物、鱼和蔬菜的传统固定范畴开始动摇，保鲜番茄的自然纯粹性受到质疑。当保鲜番茄 1994 年敲开美国以及欧洲的市场大门后，很快就有天蚕蛾基因的土豆、基因改良玉米、抗病毒南瓜等稀奇古怪的转基因食品纷纷涌入公众的餐桌上。这些转基因食品打破了动物与植物、食品与药品的边界，既不是有性生殖，也不是单性繁衍的，而是实验室建构出来的。这些新型的转基因食品正是"赛博"的典型代表，因为它们难以划分范畴、没有本源、没有预存的固定身份。这些不可思议的转基因生物给我们最具启示的是：原有的科学文化的划界标准都失效了，不同的范畴之间存在着相互融入的多种可能性。更具说服力的是致癌鼠（Oncomouse），人类在实验室小鼠体内植入人类的致癌基因而得到的一种新生命，是以杂合的身份而存在：一是治疗乳腺癌的动物模型；二是活体动物，出现在绿色社会运动展开的跨国话语论战中；三是跨国资本扩张中的高科技商品；四是一种待售的科学工具。致癌鼠是转基因技术产品，是动物和人的基因相结合而形成的赛博本体，它挑战了动物与人类，自然与社会之间截然分明的种类和身份。最后，围绕致癌鼠的专利权，出资方杜邦公司与研究方哈佛大学展开了激烈争夺，美国政府最后不得不介入其中，争论最终的妥协方案是杜邦公司获得致癌鼠经营权，哈佛大学获得致癌鼠专利权。小小的致癌鼠将美国政府、跨国公司与世界一流大学紧紧地捆绑在一起，成为工业—大学—政府的"共生本体"。

事实上，围绕着每一项转基因产品的发明，整个社会中众多力量都会介入其中，进行争辩与斗争，从研究计划的制订、执行、申请专利以及成果商品化都会引发世界范围内诸多激烈的经济利益之争、政治反应和伦理争议。正因如此，转基因食品的研究不仅是一个认知问题，还是一个伦理问题，只有将两者有机地结合在一起，才能使相关的研究沿着健康的道路发展。"黄金大米事件"就充分说明了这一点。

2012年前后，一粒小小的“黄金大米”惊动了整个世界，成为我国甚至全球关注的“风云人物”。黄金大米是实验室中科学研究与自然结合的产物，大米和维生素这两种风马牛不相及的物质走到了一起。正是由于技科学的背景，使其本体论、认识论与伦理学难分难解。

黄金大米自诞生之时，其安全性与有效性在科学层面上就有着争议，社会层面更是一直存在激烈的伦理争议。在科学语境中，黄金大米，作为一种转基因食品，导入了不止一个外源基因，具有不确定的风险。因此，把黄金大米用于人体实验，科学家应该慎之又慎。在社会语境中，实验室文本与其要投入的复杂的社会情境之间不具有演绎的进步关系，其不可避免地会挟带有非技术性层面的利益，政治与伦理的话语，高技术话语可能会加剧国际舞台上政治、经济与科技上的不平等现象。在“黄金大米事件”中，我们可以看到，少数科学家及其所属的跨国公司、研究、管理机构与相关国家，出于各自的利益，围绕着“黄金大米”这一共同的边界本体，利用各种文化修辞手段、政治策略，甚至欺骗手段，跨越了伦理与道德的红线，力图去建构一个行动者网络，以屏蔽上述激烈的争论，使其披上合法的“科学的安全性”外衣。

这一行动者网络的各个节点至少体现在以下几个方面。

（1）科学上的论证：黄金大米的诞生，仍是基于分子生物学发展早期“一个基因一个酶”的观点——来源于不同植物物种的八氢番茄红素表达序列在启动子的牵引下，可以在其他物种中孤立而安全地产生β胡萝卜素。某些科学家认为，特定基因片段在不同环境下的生化行为具有等价性，黄金大米作为常规转基因作物，并无特异之处，安全性毋庸置疑。然而，就像所有的转基因产品一样，黄金大米的发生性、潜在性、短期和局部的安全性论断并不具备永久的参照性等风险特点。不可否认，随着科技的发展，黄金大米之类的转基因产品的科学性及安全性问题终究会得到解决，但相关的认知研究只有在遵守相关伦理规范的前提下才能得获得。

（2）管理体制上的保障：在国际上，黄金大米研究受美国官方支持，进入大规模正式种植前经过美国农业部（USDA）、美国环境保护署（EPA）和美国食品与药物管理局（FDA），分别对环境风险和人类健康、产品是否具有侵害性、食用的安全性做出肯定的评估。但基于实用主义哲学的美国评估体系并不会对黄金大米进行独立检验，而是对黄金大米种子研发单位提供的数据进行记录，完成“认可”这一步骤，其实质是咨询程序，往往只走类似于公告的程序。在国内，某些机构的共同参与、伪造的伦理许可证、实验名称和内容的嫁接，在管理机制上为黄金大米披上了合法的学术外衣，掩盖了试验者的利益意图和程序违规。

（3）推广者的修辞：黄金大米诞生之初的2000年，其建立的网站 www. goldenrice. org 图文并茂地宣扬着黄金大米将改善数十亿人的生活——“良好的开端，由食物开始”，并用了大号字体标出，大米推广者将通过“不侵扰当地传统方式”来拯救每年数以百万计受“营养大屠杀”折磨的濒死儿童。值是注意的是，大米从最初的直白式的“金黄”大米经过修辞学加工，变成了“黄金”大米，黄金的财富与地位的色泽迎合了那些自古推崇和偏好黄金的民族，特别是作为黄金大米最重要受试区的亚洲。

（4）试验者的文化亲和：作为黄金大米在中国试验的美方主要负责人，一位华裔学者，亲赴中国湖南，华人之间天然的文化亲和力有效避免了外族人介入所带来的戒备和怀疑，更易形成身份和文化上的认同，消解潜在的情感阻隔。此外，在“科学研究”与“人道主义”的名义下，以“免费”“增进健康”等通俗而对大众极富吸引力的词汇，加之利益的诱惑，使受试者认同并积极配合相关试验之中，使相关试验游离在硬性的法规之外。

总之，“黄金大米”把我们带入转基因技术，我们恍然觉悟，其间竟然纠缠着如此之多的藤蔓：跨国企业的利益扩张、生物技术公司花大价钱做的黄金大米的铺天盖地的修饰广告，其中充满着蛊惑人心的语言、研发者与推广者在文化上的修辞、管理机构在体制上的“保障”，等等。这表明“黄金大米”绝不仅仅是科学家智力探索活动的结果，它是连接科技、政治、经济、伦理、道德乃至艺术的一种关节点，是这些因素共舞过程中转译、共舞或内爆出来的一种本体存在。

然而，力图确立“黄金大米”科学性与安全性的这一行动者网络最后坍塌了，原因并不在于科学家的认知上出了什么差错，而是相关科学家跨越了不该逾越的伦理与道德的红线。2012 年 12 月 6 日中国疾病防御控制中心（CDC）对相关学者的研究论文进行了通报，并对合作发文的中国学者也进行了惩处。

这种伦理失范，首先表现为作为试验者的科学家在学术规范方面的违规。项目负责人向儿童家长出具的是隐藏了关键信息的伪知情同意书，如其中隐去了“转基因水稻”“黄金大米使用了安全性受质疑的重水灌溉”等必须标注的关键和敏感信息，代之以“富含类胡萝卜素的大米”等不易引起警觉并吸引眼球的文字。其次是“知情同意书”问题，即试验者没有向作为儿童监护人的家长呈现明确的、完整的受试相关的信息。人类医学实验的法典《赫尔辛基宣言》第 24 条对“知情同意”内容进行了详细论述：“每个潜在的受试者都必须被充分告知研究目的、方法、资金来源、任何可能的利益冲突、研究者所属单位、研究的预期受益和潜在风险、研究可能引起的不适以及任何其他相关方面。”同时补充到：“知情同意”是“在确保潜在的受试者理解信息之后”做出的书面同意。通常要通过一段时间的培训和测试之后才签订书面的知情同意书，而不是形式化的签字而已。[①]对于湖南儿童的家长来说，他们没有见过“知情同意书”，所知道的就是家长会上获得的信息：学校正在受国家专项资助，免费向学生提供特制的“营养餐”，科学的营养餐可让学生“更胖、更高、更健康”。

这些严重的职业伦理失范，反映出西方跨国公司向第三世界“输出”技术的惯用手法——“知识遮蔽”（agnotology）[②]。即对事物的认识并不是由于科学知识的缺乏而不能理解，而是指由于科学知识被有意遮蔽、导致信息的不对称，从而无法认识。通过信息上的不对称性使受试者处于无知状态，剥夺其在知识生产中的主体性，使认识不仅程序上违规，而且还走向极端的反道德行为。这种“知识遮蔽”背

① 杨丽然、邱仁宗：《世界医学会〈赫尔辛基宣言〉——涉及人类受试者的医学研究的伦理原则》，《医学与哲学》（人文社会医学版）2009 年第 5 期。

② Robert N. Proctor, Londa Schiebinger, *Agnotology: The Making and Unmaking of Ignorance*, Stanford University Press, 2008.

后隐藏着各式各样的利益导向。因此，“无知不仅仅是知识的缺失，而且也是文化与政治斗争的产物。在任何时空中，特殊的历史、本地和全球的优先权、资助模式、组织和纪律的等级、个人的和职业的远见，等等，所有这些共同建构了我们的所知与我们的无知”。①

在受试验者一方，黄金大米作为兼有药性和食用性的新产品，其人体受试应当遵循严格的药物测试，而不是食品测试程序。全球药物受试催生了当下国际学术界所关注的“实验劳动力”（experimental labors），它既不同于马克思所说的“可以度量的损耗性劳动力”，亦不同于标准化生产方式中工厂流水线旁机械性操作的工人。② 与其说实验劳动力参与受试，不如说是他们身体的新陈代谢系统在接受风险测试，其新陈代谢系统成为相对独立的物性存在，被转译成实验室活动中物的部分。如果采用安全阈值较低的食品测试程序，受试者的身体极易遇到不可逆的风险。同时，当人的新陈代谢系统在接受风险测试时，受试者经历了某种意义转换——肉身被技术意象化为物性存在，丧失了其自主性责任、自我决策，受试者身体被工具化了。因此，作为实验室中物性存在的新陈代谢系统远非价值中立，生命形式的物化和工具化，催生了“实验生命”与资本运作密切媾和，一种特殊的生物资本（biocapital）的诞生，从而把物化的身体拓展到更高层次（如政治与利益）的干预空间。如跨国公司掌握着转基因技术，主导着转基因作物的供应，会强化发达国家对发展中国家在经济、政治与科技上的导向与控制；有些基因产品（如黄金大米）的研发是靠从发达国家土著民或发展中国家人民那里采集基因样本，这就产生了偷窥这些民族基因隐私的政治、经济、文化与伦理问题；转基因作物的推广势必会造成发展中国家劳动密集型农业吸纳劳动力的能力大大下降，农民面临倒闭和破产的社会风险；等等。

总之，“黄金大米事件”所带来的教训是，在当代大科学的背景下，由于科学的研究与开发的一体化，特别是人被物化为受试对

① Londa Schiebinger. *Plants and Empire*: *Colonial Bioprospecting in the Atlantic World*, Harvard University Press, 2004, p. 15.

② Melinda Cooper, “Experimental Labour—Offshoring Clinical Trials to China”, *East Asian Science*, *Technology and Society*: *an International Journal*, 2008（2）, pp. 73 –92.

象后，就使科学研究不是一个远离价值与利益认识论的问题，它还包含着深刻的伦理内涵。只有把科技的认识与伦理有机地结合在一起，才能保证科学技术的健康发展。同时，我们还必须清楚地认识到：赛博科技，特别是转基因技术，更多的是与发展中国家的国情、伦理、法律与文化等联系在一起，它不是超越文化的普遍性话语，也不仅是关于人、动物、植物或自然的话语，而是植根于特殊时空里的自然物种、国家、种族、文化、人性等因素之中。在当今所谓“新世界秩序”中，转基因技术，尽管在科技的当下发展中获得某种程度的合法性，但当它与某些政治权力，如西方霸权主义或新殖民主义相结合，就会加剧全球性的不平等。因此，发展中国家应该在科技与社会两个层面上积极参与到转基因产品建构的过程中，通过伦理、文化、法律与政治等工具来批判和制约转基因技术研究的实践。这种参与有利于具有不同地方性知识与文化的人们相互之间展开交流和批判，以保证转基因技术为科技与社会实现真正的公平、正义和自由。

结束语

后人类主义的科学论给我们带来的是一种新的自然辩证法：第一，物质（自然与仪器），像人类一样，也具有自身的自主性、能动性与历史。第二，人类力量与物质力量之间交互式的共舞，不仅建构了科学，而且还通过科学这一中介，使自然与社会、人与物处于共同生成、共同存在与共同演化的耦合关系之中。第三，在20世纪以来的“大科学”的背景下，随着科学所带来的“风险社会”问题的日益加剧，我们不仅要关注于“建构”科学的事实问题，而且更需要思考“应该建构”什么样的科学的价值问题，关注于科学的人文关怀，这样才能在高科技当下历史语境中，使科学沿着正常途径发展，使物与人、自然与社会之间处于和谐的共生、共存与共演关系中，使人类文明朝着健康的方向发展。这就是在全球化的背景下，后人类主义科学论所展现出来的科学的深刻政治、经济与伦理内蕴。

第十五章　科学论：从人类主义到后人类主义

科学论（science studies）这一术语，在当下学术界是一个具有争议的多义词，本章采用了其中一种界定，即指“从哲学、历史学、社会学以及其他所有视角去研究科学的泛称”[①]。在科学论中，“人类主义”（humanism）依据人的本质，特别是合理性规范，去决定科学的真与假、理性与非理性，从而保持人类的独特价值。“后人类主义”（posthumanism）则认为我们应该从人类与非人类（自然与仪器）之间的内在作用中去思考科学的合理性问题。本章以“对称性原则”为主线，重构出科学论中人类主义到后人类主义发展的理论主线，并由此探讨这种变化的哲学意义。

第一节　科学论中的两种极端的人类主义

人类主义的哲学哺育了从逻辑实证论到社会建构论一大批科学哲学流派，其根基是主观与客观、自然与社会之间截然二分的认识论。认识论认为知识由两部分组成，一部分由客体所提供，另一部分由主体所提供。其中一个关键问题是：我们如何在主体与客体之间插入楔子，这就产生了逻辑经验论与社会建构论这两种极端的人类主义。

---

① Léna Soler (et al) (eds.), *Science After the Practice Turn in the Philosophy, History, and Social Studies of Science*, Routledge, 2014, p. 1.

一　逻辑经验论中“方法论不对称性原则”

逻辑经验论把科学视为在一种语言、理论或研究纲领中努力表征自然的做法，认为科学代表着对自然的真理性表象，并且通常通过“普遍性的方法论原则”的过滤获得这样的真理。如作为逻辑经验论的典范科学合理性的标准模型（又称逻辑合理性模型），其核心是各种规则、逻辑规则、算术规则、数学及科学方法论等。从表面上，这种做法是把科学理论真假的决定权赋予自然。然而，事实上，所有这些消解“知识的主观偏见”的做法实际上都是以主体的形式，即一种人类主义而出现。这是“认知主体恰当安置的客观性的观念”（罗斯语）。在科学哲学中，方法论时常被功能化为一种元层次上的规范概念，如在寻问一个主张、一种方法或一种立场是否客观时，通常遵循“认知上行”（epistemic ascent）。“认知上行”是指在思考某种科学主张是否是真实时，哲学家不是去研究科学家如何研究对象的实际过程，而只是关注科学家对研究纲领或方法的选择。就是说，“认知上行”进入了一种元层次，仅仅关注这些方法是否就是真实的、好的辩护依据，并以此来判断理论的真与假。“作为一种理想的认知客观性，它预设了在作为认知者的我们与被认知的世界之间的一条鸿沟。作为一种客观的方法论，它被提出来的目的就在于填补这一鸿沟。但任何这类议程，实际上都是作为一种主体设置的形式，被坚定地置于我们与所表征的世界之间区分中的我们一方。”① 这正是胡塞尔指出的“欧洲科学危机”的根源——对“自然”所进行的伽利略式的外科手术或康德式的“为自然立法”。胡塞尔说：正是伽利略式的数学化“使我们把只是一种方法的东西当着真正的存有。……这层理念的化装使这种方法、这种公式、这种理论的本来意义成为不可理解的”②。也就是说，正是数学化这件理念的外衣，使人们遗忘了自然科学的“生活世界起源”的

---

① John Haugeland, Joseph Rouse, *Dasein Disclosed*: *John Haugeland's Heidegger*, Harvard University Press, 2013, p. xiv.

② ［德］埃德蒙德·胡塞尔：《欧洲科学危机和超验现象学》，张庆熊译，上海译文出版社 1988 年版，第 62 页。

问题。为此，拉图尔指出这种“理念的唯物论”所建构的科学对象，充其量不过是柏拉图理念世界中的抽象客体，或是康德式现象界的物，与科学家所研究的真实客观世界中的实体相去甚远。拉图尔嘲笑道：“每一个唯物论者内心都沉睡者一个唯心论者”，因此，他呼吁返回一种“真正的唯物论”[①]，即在追踪科学家研究自然界的真实的实践过程中去思考科学。

“认知上行”这种人类中心论的做法源于逻辑经验论为科学哲学所划定的界线。1938 年在《经验与预言》[②] 中，赖辛巴赫提出了科学哲学中著名的“辩护的语境”与“发现的语境”两分的观点。赖辛巴赫提出“两种语境”之分，目的是想表明科学家的实际思维过程（发现的语境）与发现后的理论表象（辩护的语境）之间存在着本质差别。他认为“科学发现”是不能进行哲学分析的对象，解释“科学发现”并不是认识论的任务，科学哲学只能涉及科学的“辩护的语境”。这种两分旨在划出科学知识的内部关系和外部关系之间的界限，内部关系属于科学的认知内容，它代表着科学反映的自然，科学哲学只涉及内部关系，社会学则主要涉及外部关系。赖辛巴赫试图建立一个既有逻辑完备性，又准确反映出思维的认知过程的理论，但其中要排除科学的非认知因素，如心理、文化与社会因素，从而把科学抽象为柏拉图式的理念世界。第二次世界大战后的科学哲学界普遍接受了这种区分，它成为科学哲学的主导原则之一。

赖辛巴赫式标准式二分就是把理性的重任赋予科学哲学家，而把非理性的残余留给科学社会学家。在辩护的语境之中，方法论的规则成为理论成功的唯一评价标准。方法论成为科学知识得以确立的秩序空间，它凌驾于科学之上，是观念的显现、科学的确立、科学的哲学反思与合理性建构的先验性基础。这同样暗示着一种清楚的等级分类，即自然科学超越了社会科学、哲学占据着最重要的位置。这种等级差异还体现为内部与外部之分，内部被视为一种永恒的、理性的科

---

① Bruno Latour, “Can We Get Our Materialism Back, Please?”, *Isis*, Vol. 98, No. 1, 2007, pp. 138 - 142.

② Hans Reichenbach, *Experience and Prediction*, University of Chicago Press, 1938.

学知识的进步舞台，而外部被视为一种社会的、心理的、文化的等因素构成的非理性的杂烩。这就是传统科学哲学中“方法论的不对称性原则”，它坚决拒绝另一种形式的人类主义，即社会建构论对科学知识的介入。

二　社会建构论中的“方法论对称性原则”

面对着上述哲学家与社会学家如此不对称的任务分配，社会建构论者提出了强烈的异议。为此，布鲁尔提出了科学的社会建构论（又称强纲领 SSK）的“方法论对称性原则”[①]。“方法论对称性原则”坚持，无论真的还是假的，理性的观点还是非理性的观点，只要它们为集体所坚信，都应该对称地作为科学论的对象，都应诉诸同样类型的社会原因（利益）获得解释。这就意味着理性的信念和非理性的信念具有同等的认识论地位，理性的信念并不比非理性信念更具优越的地位，继而否定了科学哲学中的理性模式，为科学合理性的社会学解释模式寻找到合法性依据。如，采用“方法论对称性原则”就意味着孟德尔的遗传学和李森科的伪科学都必须被视为与自然进行了因果性衔接，只不过采用两种不同的途径：“既有孟德尔，也有李森科……这些理论都是与自然衔接的。由于它们处于各自的时代，所以都具有社会制度的烙印……它们以各自不同的方式获得了不同程度的成功。”[②]布鲁尔的结论就是：孟德尔和李森科二人的理论都与“自然”无关，二者必须等同地被视为一些利益组合或制度化思维方式的反映，即自然“一文不值，它们仅仅是存在于那里的一块空白屏幕，上映的是社会学家们所导演的电影”[③]。社会建构论的另两位代表性人物夏平与谢佛说得更为直白：“当我们认识到我们知识形式的约定与人为的状态时，我们就把我们放在这样一种位置：认识到科学是我们自身的东西，而不是那种对我们的认识负责的实在。知识，就像国家一样，是

---

① ［英］大卫·布鲁尔：《知识和社会意象》，艾彦译，东方出版社2001年版，第7—8页。

② ［英］大卫·布鲁尔：《反拉图尔论》，张敦敏译，《世界哲学》2008年第3期。

③ ［法］布鲁诺·拉图尔：《我们从未现代过》，刘鹏、安涅斯译，苏州大学出版社2010年版，第61页。

人类行为的产物。"[1] 如果说科学哲学在表面上选择了自然一方，将它的目标界定为通过方法论规则过滤而获得的实在的表象，那么社会建构者们则选择了社会一方，认为社会建构了实在，我们除了权力与利益外，不需要谈及其他。因此，如果说科学哲学把科学变成了方法论的傀儡，那么，社会建构论就把科学变成了权力的玩物。在社会建构论对科学合理性的解读中，理性、客观性和真理等概念的全部内容最终被归结为某一共同体采用的社会文化规范，其结果"是腐蚀掉人们所熟悉的客观性概念之理性基础"[2]。社会建构论的做法完全误读了科学的任务，消解了科学家的努力目标——理解自然。就像伊莎贝尔·斯滕格所说：当社会建构论者面对科学家时，就意味着"科学大战"。

社会建构论所进行的哲学批判的最终落脚点是瓦解科学实在论，但批判的结果却是用社会实在论取代了自然实在论，造成了批判者与被批判对象的"两极相通"——二者共同陷入表象主义科学观。

从本体论的角度看，两者都是以近代哲学中自然与社会、主体与客体之间的截然二分为出发点。科学哲学家虽然一直把"自然"作为其认识论基础，然而，自然却没有自己的生命力、主动性，静静地躺在那里，等待着接受强加在它们身上的各式各样方法论规则的塑造；社会建构论则干脆完全撕下了客观性这一面纱，直接用社会去决定自然、主体去规定客体。这是人类主义的极端表现。正如布鲁尔所说："人们感到，它们（自然）就根本没有'历史'，它们仅仅是'在那里'，它们给更具变化性的人类舞台提供了一个稳定的背景，而在人类舞台上，观念是变化的，各种理论来了又去了。"[3] 因此，布鲁尔的方法论对称性原则实际上是不对称的，即用社会来解释自然，知识是对"人类社会"这种本体的反映。

从认识论的角度来看，社会建构论认为其主要任务就是透过科学运作过程中混乱与易变的表面，去揭示背后隐藏的社会秩序，如权力

---

① Steven Shapin & Simon Schaffer, *Leviathan and the Air-Pump: Hobbes, Boyle, and the Experimental Life*, Princeton University Press, 1985, p. 343.

② Martin Hollis, The Social Destruction of Reality, Martin Hollis and Steven Lukes (eds.), *Rationality and Relativism*, Blackwell Press, 1982, p. 69.

③ ［英］大卫·布鲁尔：《反拉图尔论》，张敦敏译，《世界哲学》2008 年第 3 期。

与利益。社会建构论“突出了实验室的丰富的混乱现象中的两个组成部分。一部分是可见的：知识，在这方面，SSK是一种认识论的纲领，继承了知识的哲学传统。另一部分是社会，社会被理解为如利益、结构、习俗或其他类似的东西。同时。这些社会秩序是某些先验的，确定性的东西，能够决定尚存疑问的知识”①。因此，社会建构对科学哲学的批判，预设了其所批判的对象本身所预设的前提：挖掘现象背后的所谓本质。社会建构所做的不过是用“社会实在论”取代“自然实在论”，本质上沿袭的依旧是对知识的表象性语言描述。

表象主义是一种典型的人类主义，它源于20世纪中叶的“语言学转向”，这种转向赋予了人类“语言”太大的权力，随后出现的“符号学转向”“解释学转向”“文化转向”，每一次转向的结果都是最终把“自然”转化为一种语言或其他形式的表象。语言重要、话语重要、文化重要，但“自然”不重要。只允许人类用语言去塑造或决定我们对自然的理解，相信语言的主语与谓语之结构代表着一种先验世界的潜在结构。这是社会建构论与传统实在论共同的形而上学基础。语言与文化具有能动性与历史性，而“物”却被表现为被动的与永恒的，充其量承载着来自语言与文化的历史引起的变化。这里，凸显的是文化表象的活力，而淹没了被表象的“自然”的生命。这样，表象主义眼中的科学不仅是去语境化的，而且还是非历史的。这导致在科学哲学的长期发展中，自然的历史性始终没有进入哲学家的视野。“他们缺乏历史感、他们仇恨生成（becoming）……他们把科学家变成了木乃伊。”②

第二节　科学实践哲学的“本体论对称性原则”

一　自然—仪器—社会的混合本体论

1999年，科学论中两位代表性人物布鲁尔与拉图尔之间爆发了“对称性原则”之争。在这场论战中，拉图尔以“本体论对称性原

① ［美］安德鲁·皮克林：《作为实践和文化的科学》，柯文、伊梅译，中国人民大学出版社2006年版，第2页。

② ［加］伊恩·哈金：《表征与干预：自然科学哲学主题导论》，王巍、孟强译，科学出版社2010年版，第1页。

则”挑战了布鲁尔的“方法论对称性原则”。拉图尔指出布鲁尔的“方法论对称性原则”并没有真正坚持对称性，因为它将解释权赋予了社会，造成了自然的“失语”。为此，拉图尔把对称性原则从方法论推向本体论，即“在对人类与非人类资源的征募与控制上，应当对称性地分配我们的工作”。[①] 也就是说，我们要在人类与非人类这两类本体问题上保持对称性态度。要保持这种本体论上的对称性态度，首先要突破自然与社会、物与人的截然两分，破除反映论意义上的表象主义。其次要赋予“物”以力量或能动性，以理解在实践中物与人之间力量或能动的冲撞。拉图尔的主要思想是，首先，用 actant（泛指人类与非人类的行动者）一词替代 actor（仅指人类的行动者），这样，主体与客体、人与物、自然与社会之间的二元对立在本体层面上得以清除。其次，通过“转译”等概念分析人类与非人类之间在属性上的相互交流，于是，人类开始具有了非人类的属性，非人类也开始具有了人类的属性，如能动性或力量。这样，新本体论成为以两者的内在行动为基础的一个行动者网络，出现了一种“自然与社会之间的本体混合状态”[②]。“在行动者网络理论的图景中，人类力量与非人类力量是对称的，两者互不相逊，平分秋色。任何一方都是科学的内在构成，因此只能把它们放在一起进行考察。”[③] 通过“本体论对称性原则”，主客体的交汇点，也即科学实践得以发生的真实本体时空——实验室生活——就成为科学论的焦点。研究实验中科学事实是如何在人类与非人类的交织（即人—仪器—自然的聚集体）中被建构而生成出来，研究实验室所生成的科学事实所带来的自然—社会、客体—主体之间的共生、共存与共演的历史，就构成了当代科学实践哲学研究的主线。

在这种人—仪器—自然的聚集体中，首先，作为人的科学家，是一种生活中和实践中的存在，是有限的，其活动受制于仪器、自

---

① Bruno Latour, *Science in Action*, Harvard University Press, 1987, p. 144.

② ［美］安德鲁·皮克林：《作为实践和文化的科学》，柯文、伊梅译，中国人民大学出版社 2006 年版，第 365 页。

③ ［美］安德鲁·皮克林：《实践的冲撞》，邢冬梅译，南京大学出版社 2004 年版，第 11 页。

然和社会，其具体存在的规定性就体现这些制约中。然而，科学哲学在康德以来的先验哲学的影响下，硬是把人的有限性遮掩起来了，有意或无意地把有限的人当作讨论一切问题的基础；硬是把无限的、绝对的、创造者的角色归之于有限的人，让有限的人不堪重负、膨胀欲裂。拉图尔的“本体论对称性原则”就是要恢复并阐明具体、有限的科学家，把科学家视为在实验室中进行操作的具身性实践者。这也正是常人方法论（ethnomethodology）的研究途径，这种途径强调“默会技能”在知识生产中的重要性。传统科学哲学强调方法论对科学实践的指导作用。柯林斯称之为“算法模型”（algorithmic model），认为方法论上的指导能够提供所有可遵循的实验技巧；方法论程序就是发现科学的真理性与有效性的根本保证；在期刊或文本中对科学工作形式化描述就是完备的描述。这种模型实际上把科学工作视为“逻辑的翻转”，科学家成为“方法论的傀儡”。与之相反，由于“本体论对称性原则”更加强调对与形式化的方法论相对的默会知识的把握，于是，科学就内在于科学共同体的实践之中，对科学概念与定律、方法论规则、某些实验知识（如与仪器的运转有关的知识）把握以及对仪器所得出的数据的解释能力等，都无法在明确的方法论程序中得到完全阐明，它们只能通过库恩所谓的“范例”实践，默会把握。一句话，科学事业依赖于实践中的能知（know-how）。正如波兰生物学家弗兰克指出：“在任何方面，科学研究都是一项技能性的活动，它依赖于大量非形式化的、部分具有默会性质的知识。”[①] 这就是柯林斯称谓的文化适应模型（enculturation model）。

其次，按照本体论对称性原则的理解，自然，不是一种柏拉图世界中的理念，而是一种现象界的本体。如“位置”的概念就不能够被预设为一个明确的抽象概念，也不能被预设为一种独立存在的对象的内在属性，因为“位置”只有在利用一种带有固定组成的严格装置时才有意义，如只有当一把尺子被固定在实验室中的一个仪表上

---

① Ludwik Fleck, *Genesis and development of a Scientific Fact*, University of Chicago Press, 1979, p. 103.

时，才能对特殊的位置提供一种固定的参考点。此外，用这种装置对“位置”的任何测量都不能被理解为是对某些独立“本体”的抽象，而只能是一种现象属性。因此，按照“本体论对称性原则”的要求，认识论的对象不是带有固定边界的抽象客体，而仅仅是现象。也就是说，现象是本体论上首要的关系。现象不是由物自身或现象背后的本质或属性所构成，而是现象之中的物。现象就是实在的构成。正如哈金，这位科学实践哲学的开拓性人物所说：“我对‘现象’一词的用法与物理学家的一样。这一用法必须尽可能地远离哲学家的现象主义、现象学以及私人、转瞬即逝的感觉资料……现象就是显现。”①

最后，在现象的生成中，仪器扮演着一种关键性的建构角色。仪器的主要功能是调节科学家所遭遇的自然界的“阻抗与适应之间的辩证法”(皮克林语)。由于“观察渗透着理论”，因此仪器不是对自然界的中性探索，仪器只会体现出某些特殊的理论要求，服务于某些特殊的目的而排除其他，是一种特殊的物质实践。通过它，某些特殊的现象被场所性地建构。也就是说，仪器是物质化的排他性实践。仪器是现象的重塑或话语实践，它在自身话语实践的差异化中生成出物质现象。仪器不是在世界中一种静态的安排，而是对世界一种动态的重构，一种能动的操作性实践，通过它，特殊的独特边界得以启动，但它通常不会完整和确定地产生某些预期现象，并没有确定的“外在”边界。这种不确定性代表着现象生成的开放性，即仪器对重置、重构与其他修改的不断开放。此外，任何特殊的仪器总是会被应用于不同的实验室、不同的文化或地理空间，总是会发现自己在处于有待更进一步说明的情境化差异之中，这是不确定性的另一种表现。这些实践组成了在操作中科学仪器的重要特征。现象是通过具身性活动中多种仪器的能动的内在作用而被制造的。

二　能动的共舞

传统上，科学论对能动性的考察是非对称性的，认为能动性仅属

① [加] 伊恩·哈金：《表征与干预：自然科学哲学主题导论》，王巍、孟强译，科学出版社2010年版，第221页。

于人类，而不属于自然，自然被认为是惰性的物质，被动地等待着人们去表征。因此，科学哲学家一直恐惧着人类的力量（愿望、动机与意图），企图通过方法论的理性对其过滤和清除。相反，社会建构论者一直试图把人类的力量（权力与利益）理解为科学信念与文化扩展的一种真实的原因。但拉图尔的“本体论对称性原则”则表明这种力量的分配是站不住脚的。因为自然本身具有自己的力量（agency）、能动性，或主动性，它不断与使用仪器的科学家在“阻抗与适应的辩证矛盾”中共舞，其间为克服“自然”的阻抗（自然界的能动性的表现），科学家的目标、计划及仪器设备的物质形态等都需要不断改进和转换，以适应“自然”的“要求”。自然的能动性实际上就是普里高津在《从沌混到的有序》中所说的自然的自组织性。仪器也有自己生命力，它们能够完成人类的精神与身体无法完成的工作。就是说机器是操作性的力量，就像受规训后的人类力量一样。哈金反复强调“仪器创造了现象”，并由此走向“实验有自己的生命”。

科学家的力量、仪器的力量与自然的力量共同聚集在实验室的舞台上，在相互共舞（皮克林语）或转译（拉图尔语）中建构出科学事实。在这种共舞中，人类力量与非人类的力量并非是先验于实践的存在，而是通过实践过程中两者的对称性介入而得到相互的界定、支撑与发展。也就是说，在科学实践中，人类力量与物质力量之间机遇性的组合是在时间中涌现出来的，并成为实践过程的有机构成——表现在目标的试探性设定中、特定的阻抗的涌现中、特定的适应的达成中。这些机遇性组合成为实践过程中不可逆的部分，它们不是外在性地干涉实践过程，也不是仅仅将自身附加于实践过程之上，而是实实在在的实践本身。科学事实就是在人类力量与非人类力量共舞过程中瞬间涌现出来的。之所以称为“涌现”，是因为任何科学家事先都无法准确地把握住科学实践发展的时间轨迹。在这一共舞过程中作为主动的、有目的的行动者，科学家们尝试性地建造出一些新的仪器，随后处于被动的监控仪器运作状态，去捕获自然力量的可能功效。与之对称，自然的力量恰恰是在人类被动观察阶段主动地展示自身的能动性。机器也是在有目的的运作着，在努力捕捉着自然力量。阻抗体现为人类有目的地捕获自然力量的失败，适应则是应对阻抗的人类的主动性策略。这种策略包括对目标、动机和理论的调节、对仪器的物质形态的改进，对科学的活动框架以及围绕行动框架社会关系的调整。这就是“阻抗与适应之间的辩证运动”。“一种世界观，一种形而上学。这种世界观和形而上学把科学视为一种人类力量与物质力量经由阻抗与适应辩证运动的人类文化的一个进化领域，其中前者寻求捕获后者。”① 同时，这也展示出一种开放式驻足点（open-endedness）的图景。当各种新的人类力量与非人类力量以这种方式或那种方式机遇性聚合在一起，新的实践共舞开启；新的异质性力量就会在多种可能性的开放空间中展开新的共舞，并最终会形成一个新的科学事实。如此“循环”共舞，构成了科学实践生生不息的永恒图景。

这种科学观有两个基本要点：（1）“去中心化”的后人类主义：在这种聚集中，自然所为、仪器所为、科学家所为，彼此交织、相互强化，三方地位等同，没有预先存在着的主次、先后。在传统科学实在论那里，自然是表面上最重要的因素，而在社会建构那里，社会则凸显着主导作用。而在科学实践哲学中，自然、仪器与社会与理论是实践共舞中具有同等地位的异质性要素，这就瓦解了自然与社会之间截然分明的界限，进入了后人类主义者的空间。“在这一空间中，人类活动者依旧存在，但他们与非人类力量内在有机地相互缠绕，人类不再是发号施令的主体和行动中心。世界以我们建造世界的方式建造我们。”② （2）瞬时涌现。在实践之前，人们对组成一个正常运作的人类与非人类的聚集体中的各种要素无法事先准确确定，也不能够完全把握其确切功效。它们都是在真实的实践中涌现的要素。这意味着科学实践是在阻抗与适应的共舞中拓展成就自身的空间。在逻辑经验论和社会建构论那里，对理论变化的解释总是根据一些固定不变的标准，比如认识论的理性标准或利益、权力等。而在科学实践哲学中，真实实践进程中涌现的各种“阻抗与适应之间的辩证法”才是解释的关键。这样，科学，由于其本质上是一种实践中机遇性相遇场中涌

---

① ［美］安德鲁·皮克林：《实践的冲撞》，邢冬梅译，南京大学出版社 2004 年版，第 20—21 页。

② 同上书，第 23 页。

现的产物，因而其便具有了内在的时间性。“这个（this）只能恰好发生，然后那个（that）也只能恰好发生，等等，在一个独特的轨迹中导致了这一（this）或那一图像。”[①] 这个轨迹及其终点绝不可能事先就被确定。因而，科学的实践建构为我们显示出：“在物之繁涌中，在人类和非人类的交界处，在开放式驻足点和前瞻式的反复试探的过程中，真正的新奇事物是如何在实践中真实地涌现出来。”[②]

科学事实是人类与非人类力量之间共舞中涌现的产物，拉图尔用“拟客体”来表达“科学事实”。“拟客体位于（自然与社会）两极之间。”[③] 而皮克林用一个术语“赛博体”（cyborg）来表示，指科学事实是人类力量与非人类力量之间交织的产物。在当前主流学术领域内，对“拟客体”或“赛博体”的研究还处于边缘地带。然而，这类奇异的对象不仅充满在自然科学中，而且在社会科学中也无处不在，如近代工业革命所带来的工业—科学组织、第二次世界大战时期所诞生的科学技术—军事机构、转基因食品、气候变暖等。主流学术之所以对“赛博体”无视，这主要是机械论的世界观的影响。这种影响表现在两个方面：（1）本体论问题。现代科学在对“自然”进行伽利略式外科“清洗”手术后，诸多学科以人类与非人类之间的明确区分来界定自身。自然科学是对非人类世界进行评价和理论探讨，那是一个假设为不存在“人类”的世界。人文社会学科则选择了另一部分，试图分离并理论化一个纯粹的人类领域。在《我们从未现代过》一书中，拉图尔指出现代性是由一种特殊的叙事方式而引发的，即对物与人进行纯化而分离的叙事，自然科学只负责研究物，人文社会学者则负责讲述人。正是这种学科分立的世界，使“赛博”成为被视而不见的对象，不属于任何研究领域。各学科领域不公开承认它们，只是支离破碎地理解它们。不同的学科仅仅抓住“赛博”的只鳞半爪。显然，消除这种支离破碎现状的学术努力将是跨学科

---

① Andrew Pickering, *The Mangle in Practice: Science, Society and Becoming*, Duke University Press, 2008, p. 34.

② Ibid., p. 36.

③ ［法］布鲁诺·拉图尔：《我们从未现代过》，刘鹏、安涅斯译，苏州大学出版社2010年版，第63页。

的，需要在赛博身上综合不同学科。它既不以人类为中心，也不以非人类为中心，而是在人类和非人类的共舞中进行思考。（2）时间性问题。主流学术没有时间意识。科学哲学倾向于讨论无时间的问题——真理、理性、美、善等，而科学社会科学家倾向于持续讨论各式各样的共时性关联。当时间性问题无法避免时，讨论通常被转化为对致因的分析和预测，而不是科学实践哲学所讨论的各种开放式驻足点式终结、不可预期的生成与演化。

结束语

人类主义的科学论的出发点是自然与社会的截然二分，方法论上走向了两种极端的不对称性，由此导致反映意义上的表象主义。这种表象主义的科学观不仅使我们始终处在“我们是否真实地反映了我们的世界”的“方法论恐惧”[①]中，而且还使我们漠视科学的时间性与历史性。“本体论对称性原则”打破了自然与社会的截然二分，在方法论上实现了彻底的对称性，因为它的基本的方法论要求就是在科学实践的本体论舞台上，“追踪”人类力量与非人类力量是如何对称性地建构出科学事实的，由此走向了实践意义上生成论。为此，我们不仅消除了“方法论恐惧”，而且还展现出科学的时间性与历史性：事实之所以成为“科学”的，是因为它是在物质力量与人类力量之间的辩证共舞过程中生成的，在不可逆的时间中真实地涌现出来的。这种生成同时也是开放式的稳定，是后继实践活动中的一次次去稳化，以及相应的一次次的再稳定化重建的基础，因此构成了科学演化的历史图景。与此相应，理性、客观性、利益与权力并不是凌驾在实践之上并制导实践的先验本质，而是在科学实践中生成并演化着。这就是“本体论对称性原则”的哲学意义，一种生成本体论（ontology of becoming）。

---

① ［美］安德鲁·皮克林：《实践的冲撞》，邢冬梅译，南京大学出版社2004年版，第6页。

第十六章　科学研究是价值无涉吗？基于科学实践哲学的思考

人类进入21世纪后，随着风险社会问题的日益加剧，公众对主流科学在气候变化、转基因食品、医药研究等主题上的研究持较为广泛的怀疑，甚至强烈的对立态度。不少科学家为此感到不解、失望，甚至绝望，科学政策制定者感到困惑，科学一直享有的信誉或威望陷入空前危机。当下学术界称为“第三次科学大战”。这实际上是由“索卡尔事件”所引发的“第二次科学大战”，由“学术空间”延伸至“大众空间”。如果说“第二次科学大战”的主题是科学实在论与社会建构论之间的学术论战，那么“第三次科学大战”则是这场学术论战背后所隐藏的“科学与社会”之间冲突的爆发。

在科学哲学中，客观性通常是指科学要达到的一种价值无涉的理想。在“黄金大米”等事件的争论中，我们时常见到科学家指责外行不懂科学，把科学研究与科学应用问题混为一谈，科学家只研究事实的问题。产生这种论战的深刻原因之一就是价值无涉（free value）的客观性危机。

第一节　价值无涉的科学

科学有两种价值：认知价值与非认知价值，通常称为事实与价值。认知价值包括预言的精确性、统一性、可解释性、简单性等。库恩把认知价值界定为一个范式的承诺。非认知价值包括社会中道德、政治，经济与文化等。科学的价值无涉，通常是指“非认知价值”的无涉，也就是事实与价值的对立。

基切尔曾表达出对传统科学哲学的困惑："有很多次当我向一个新认识的人介绍我是科学哲学家时，对方总是欣然点点头，认定我一定对各种科学研究中的伦理地位、科学对我们价值观的影响或者科学在当代民主中的作用这些问题感兴趣。这种看法尽管与职业科学哲学家在过去几十年来甚至几个世纪以来所做的事情并不相符。"[①] 这种困惑源于科学的价值无涉的客观性。

科学的价值无涉源于逻辑实证论著名的"发现的语境"与"辩护的语境"之二分。这种二分的标准解释是非认知价值，它们可能对一个理论的发现有所贡献，但无关于一个理论的评价与证据选择的辩护问题，这种证据与理论之间的关系是科学客观性的最重要保障。非认知价值被限制在个体发现心理学或社会学中。这种看法后来被艾耶尔所发展。艾耶尔认为道德或价值主张不可能是真或假的陈述命题。道德要求的内容是情感的，道德和价值主张表达出赞成或反对的判断，而科学只告诉我们什么是事实。这两个领域是独立自治的。

主流科学哲学关注于科学的辩护逻辑，即我们如何能够提出一组方法论程序，依据它们，人们才能够决定一个主张是否有科学的资格。如，在解释科学成果的客观性时，实验一直承担着知识论的重任，它为"科学方法"的运用提供了一种框架。实验是科学以经验的方式逐渐积累进步的单位，是证实与检验理论的阶梯。主流科学哲学从方法论的角度对实验做出了界定：实验的设计、检验理论的全盲和双盲的程序、要素隔离、控制组和实验的重复。实验的优势在于它可以分离出各种变量，并对每个变量进行独立检验；可与控制组的结果进行比较，从而避免实验人员的主观期望；"任何人"都可以重复检验他人的实验，从而使实验的结果得到很好辩护。由于有了这样一套界定实验的方法论，哲学家容易忽视实验过程。

主流科学哲学家认为道德、经济与政治的考量不应该成为评价科学的标准，因为科学寻求的是自然的真理。而如何应用科学与道德、经济和政治相关。如果说知识产生了有害的结果，这是科学理论应用

---

① ［英］菲利普·基切尔：《科学、真理与民主》，胡志强、高懿等译，上海交通大学出版社 2015 年版，第 1 页。

的社会环境出了问题。这是社会治理的问题，而不是科学本身的问题。在研究中，除了要求研究者在学术规范上从事科学研究外，科学实践不再受其他价值因素的影响，这些标准只适用于应用科学。

价值无涉的客观性，不仅是一个有趣的知识问题，而且还是一个重要的社会问题。在当代社会中，科学处于基础的地位，左右着社会生活的各方面。转基因食品的安全性，通货膨胀的影响，或全球气候变暖的科学政策，都深受科学的影响。现代社会的一些基本理念，如进步与合理性，都是基于科学的某些观念。

第二节　主客体之间的双向建构

科学哲学家之所以得出科学具有价值无涉的客观性，源于他们偏爱“辩护的语境”，忽视“发现的语境”。20 世纪 80 年代，拉图尔在《行动中的科学》一书中将对称性原则从方法论推进到了本体论的领域，即强调“在对人类与非人类资源的征募与控制上，应当对称性地分配我们的工作”[①]。这样，自然、仪器与社会之间机遇性相聚集的空间或场所，即科学实践得以发生的真实时空——实验室生活因而就成为研究中心，这是一个行动者具身于其中的生活世界。当实验室研究转向实验室的概念时，便开辟了一个实验方法论力不能及的新研究领域，它把人们的目光从方法论转向了对科学的文化活动的研究。实验室研究最重要的成果是：科学研究不仅干预了自然界，而且还深深地介入社会。

实验室研究表明实验室是一个“强化”的环境，它使“自然秩序”处于“社会秩序”的日常活动中。实验室操作的通常是这样一些客体，它们并不是那些“事实上就是如此”的稳定客体。事实上，实验室很少利用那些存在于自然界的对象。相反，实验室所采用的是对象的视觉图像、听觉效果、电子屏上的显示效果，或它们的某些“纯化”成分。田野中成片的农作物转向实验室细胞培养，缩短并加速了观察的过程。这样，“自然秩序的时间尺度便臣服于社会秩序的

① Bruno Latour, *Science in Action*, Harvard University Press, 1987, p. 144.

时间尺度——它们主要受制于研究的组织与技术”①。总之，实验室操作着被“带回家中”的客体；“被带回家”的过程只受制于社会秩序的情境性条件。实验室使自然条件受“社会审查”。“如果实验室实践是‘文化性的’，不可能还原为某种方法论规则的应用，那么我们就必须认为，作为实践成果的‘事实’是由文化塑造的。”在实验室研究中，何为神经胶质细胞？何为恰当的方法？什么算得充分的数据？人们在胶片上看到了什么，没看到什么？这些都有文化与社会价值的可磋商性。因此，科学产品应被视为文化存在，而不是自然所予。一个土壤样本，小白鼠就不能理解为“自然的”纯粹存在，如果没有带有社会价值的人类干预，它们不会存在。赤裸的自然无疑存在，它们也许可以通过神灵的启示或超验的模式来理解，但在科学家的日常研究中，赤裸的自然从来没有出现过。

我们在建构客体的同时，客体也以同样的方式在建构着我们。人类的生活也充满着技术物，它们在人类的主体性的构成中扮演着重要的角色。在高科技发展的当下，身体器官与科技的结合，延伸演化出各式各样的新身体。身体由传统生物学意义上的“固定本体”转变为灵活多变的存在，彰显出“人类日益科技化”的当代发展趋势。人类主体的“客观化”与科学对象的“主观化”只不过是一个硬币的两个方面。正如拉图尔所说：“人类的形体，我们的身体在很大程度上是社会—技术的产物。把人性与技术完全对立起来在事实上就是想以主观愿望来消除人性：我们是社会—技术动物，每一次人类的相互作用就是社会—技术的。我们决不能仅把自己限制在社会关系中。我们也决不会仅面对着客体。”② 因此，在当下高科技的社会中，不存在原生态的、非物质化、非技术的人类。

这种实践论的科学观“所抛弃的只是在脱离现实的抽象反思中无法解决的哲学难题”③，展现出一种实践建构的生成论。主流的科学哲学认为科学理论只能反映实在，实践建构论也不否认任何实在。所

① ［美］希拉·贾撒诺夫等编：《科学技术论手册》，盛晓明等译，北京理工大学出版社2004年版，第112页。

② Bruno Latour, *Pandora's Hope*, Harvard University Press, 1999, p. 214.

③ 邢冬梅：《当代STS的唯物主义回归》，《学习与探索》2012年第9期。

不同的是，后者并没有把实在视为无时间性与生命力的客体，它们静躺在自然之中，等待着人们利用科学方法去发现，而是认为，“实在”应该被看作一种实体，它们参与了科学实践，并在实践活动中不断地被改写，由此生成出新的客体或事实。这既不是什么虚无主义和怀疑论，也不是把对象还原成属性和主观意义的思想教条。实践建构论认为，事实之所以是科学的，是因为它们是在自然和社会秩序的辩证冲撞中生成出来的。从这种意义上来说，科学事实与社会秩序并不是科学研究的前提，而是其结果；自然并不能单独决定真理，社会也不能独立建构科学，相反，在科学实践的网络中，自然和社会被不断建构，一切稳定性被不断打破，自然、社会、科学由此都获得了重构。这三个领域并不是独立存在的，“现实中并不存在纯粹的主体和客体……这一王国中充斥着主体与客体之间的杂合体”①，它们都是相互关联的拟存在（quasi-existence）。拉图尔曾对巴斯德的微生物学进行过研究。巴斯德在由细菌、动物（牛）、农场、农民、卫生专家等所组成的网络展开自己的研究。随着网络的展开，自然的稳定性被打破。在这个网络中，原有的细菌处于最高层，它能够决定动物的生死、决定农场主的命运，而现在，一切力量都被颠倒过来，经过巴斯德的工作，一切的力量都被加强，但细菌除外，它们反而处在了力量的最弱者的地位。科学的稳定性被打破，在此之前，一方面是在实验室中的结晶学研究，另一方面是千百年来没有多大变化的卫生学，而巴斯德却将结晶学与卫生学结合起来，创造出一个新的微生物学。社会的稳定性也被打破。巴斯德把实验室转移到法国农场，从而改变其生产条件。他还以更普遍的方式改变了法国政治，卫生专家借助于巴斯德和细菌的力量，成为“在所有的政治、经济和社会关系中的第三个党派”②。实验室是变迁的行动者，一种在不可逆的时间中塑造和建构自然、科学与社会的手段。

当工作结束后，科学家就展开了拉图尔所称的纯化（purification）工作。即通过从自然和社会两极出发，将现实存在的这种杂合状态分

---

① 刘鹏：《在转向中前进的 S&TS》，《学习与探索》2012 年第 9 期。

② Bruno Latour, *The Pasteurization of France*, Harvard University Press, 1988, p. 58.

开，将之化归为纯粹的客体和纯粹的主体。诸如巴斯德之类的科学家，通过各种自然与社会的联盟中的转译确立了科学事实，并把事实确立为一种强制性通道。然而，当科学事实被确立后，其联盟最终被纯化过程所掩盖。科学实践的纯化过程表现为一种谦逊的修辞手法（the rhetoric of humility——马基雅弗利语）。科学家介入了各种转译的实践，创造出对自然的表征，但当表征完成后，科学家谦逊地认为他们的所做不过是让事实本身为自己说话。他们的知识所揭示的只不过是其研究对象的内容，与作者完全无关，作者自己不过是读者与客体之间的透明的中介。这种谦逊的修辞手法被如今的科学顾问广泛使用，科学家把自己从这个情境中抹掉，消除了科学结论中的任何主观性或价值。这就是价值无涉客观性产生的实践机制。科学实践哲学研究不过就是打开黑箱，还原“客观的”事实被建构的实践过程。

拉图尔还认为这种传统的科学想象有“两种惧怕：接近实在的任何确定性的丧失和公众对科学的介入”[①]。“当科学被纯化为脱离了社会关系时，它看来就提供了人类与世界之间的对应关系，其基本假定是只有客观建构的科学才能防止由大众所制造的风险之中的身体政治。”[②] 这种对大众的惧怕把大众反应视为一种缺少慎思与判断的主观偏见的任性表现。这是科学中理性主义与世俗中非理性主义的对立。我们应该破除这种二元神话，因为，从认识上来说，主体与客体都是异质性实践建构的结果，从社会后果来说，这种两分会导致技术官僚的政治。

第三节　科学与社会的契约

即使我们承认价值无涉的客观性是科学所追求的美好理想，但在现实研究中几乎是无法达到的。这还有一个重要的原因：科学是科学家与科学机构所从事的研究，在当下科学与社会新契约中，价值无涉的客观性成为一种可望而不可即的理想。这在公众话语的领域常见，

---

① Bruno Latour, *Pandora's Hope*, Harvard University Press, 1999, p. 7.

② Ibid., p. 217.

如著名的气候门事件、黄金大米事件等。

一　科学与社会的“第一次契约”

第二次世界大战前，科学的运行主要是依靠私人资助的研究型大学。但在第二次世界大战期间，由于科学共同体介入战争，出现了“科学—军事—国家的赛博体”（皮克林），对第二次世界大战中盟国的胜利起到重大作用。战后，以布什（Vannevar Bush）为代表科学家开始规划“基础科学研究之梦”，即确保科学的公共财政支出的增长，减少政府干预。罗斯福总统随后任命布什为科学政策制定者，导致了《科学：没有止境的前沿》中乐观主义思潮。这是一种社会契约——基础研究是应用与发展的驱动器，它最终会导致技术创新，一种科学与社会进步的线性模式：首先，基础研究不能够受实践效用控制；其次，政治家在科学管理中不值得信任，在决定研究与如何研究什么的问题上，科学家应该被赋予充分自由。许多科学家担心管理性资助会危及科学的自主性，因为它很可能关注于实用的主题，使科学的议程服从于政治的权力。第一次契约的基本纲领是通过科学进步来促进人类福利的提升，然而，其运行的一个基本前提是，这种福利是通过追求真理与认知目标，而不直接与福利或商品挂钩而达到。这一纲领是基于逻辑实证论，其精神鲜明地体现在“维也纳学派”的宣言之中：科学可以消灭贫困、迷信以及人类的其他愚昧。科学越是进步，人类生活也就越好。对现代性的渴望就可归因于这种绝对的确定性：存在着一个时间之箭，它非常清晰地将人类黑暗的过去（主观和客观混杂而居的时代）与一个更加光明的未来（人性不会再将事实与价值、客观与主观混淆起来的时代）区分开来，科学能够将人类陈腐的过去与开化的未来截然分开。

在这种契约中，知识的生产主要处于认知的语境之中。问题通常主要是由特殊共同体的学术兴趣所提出并解决，解题是由遵从相关于一种特殊学科的实践编码而进行的，语境是通过相关制约着基础研究或学科的认知与社会规范所界定，人们倾向于暗示知识的生产并没有某种实用目标的导向。

二　科学与社会的第二次契约

随着第二次世界大战后“大科学时代”的全球化，特别是20世纪七八十年代以来，人们开始对第一次契约中布什之梦想产生了怀疑，逐渐意识到科学的线性模式——从基础研究到应用科学，再到发展或最终的技术革新——并非事实。其次，科学留下来的不仅是无止境的前沿，而且还是无底的金钱与资源的黑洞。

第一次契约梦想的破灭源于策略基金的导向。“策略研究是一种基础研究，它带有期望，期望它能够生产一种更为广泛的知识基础，以形成解决当下与未来迫切的实际问题的背景。策略研究把相关性（地方性的特殊语境）与杰出成果（如科学的进步）结合起来。”[①] 这种策略研究日益增加围绕着诸如气候变化、水源安全或转基因食品之类的全球化问题来组织。在这些研究中，科学家不再能够独立决定他们想研究什么，除非他们有其他基金来源。这表明由纯粹研究所导向的科学研究开始减弱，从而导致“第二次契约”——科学研究的实用导向。这是供给与需求之间的关系，供给的资源日益多样化，对专家知识的差异化要求就不断提高。在这种新的知识生产的形式中，探索必须由认知与社会实践的具体共识来引导，共识是以应用的语境为前提并随其发展。

第二次契约引入了第三类因素，媒体与利益相关的公众。如市民、消费者、科学家、管理者与企业主都可能会围绕一个谈判桌，讨论转基因食品的研发。科学实践要保持良序，就要求“承诺保证他人的需求与愿望要介入其中，在具有良好素养的所有参与者之间的一种民主审视中去达到目标。”[②] 这一事实所带来的问题是应该如何分配与引导研究基金的规范问题，道德、法律、社会与政治原则就进入了科学知识的议程。所有利益相关者，从大众、非政府组织到病人组织，都想发出自己的声音。知识的生产包括一组更为广泛的异质性实

---

① John Irvine & Ben R. Martin, *Foresight in Science: Picking the Winners*, F. Pinter, 1984, p. 133.

② James H. Flory & Philip Kitcher, “Global Health and the Scientific Research Agenda”, *Philosophy and Public Affairs*, Vol. 32, No. 1, 2004, p. 41.

践者，如大学、政府研究机构或公司实验室、大众甚至工具、材料与研究对象，在一种特殊的地方性语境中具体问题上协商与合作。知识总在持续协商中被生产，除非各种行动者的利益被考虑，否则无法生产。这就是应用的语境。应用，在这种意义上不是理论的应用，而是异质性行动者的协商过程共同决定着什么样的知识能够产生。

这种应用性导向的研究可能会导致科学权威的弱化。如大部分药物研究或健康研究都接受了企业的资助，因此，研究要服务于相关企业的特殊利益和基本要求。然而，医药学文章幽灵式的写作却把它们包装成无偏见性的客观真理。类似的行为已经侵蚀了公众对科学客观性的信心。因此，管理机构并不应该把科学视为一种价值无涉及的客观事业，管理决策不能仅依赖来自科学家的“最好科学的证据”，不能再忽视对科学技能或证据的干预与治理。

拉图尔把第一次契约意义上的科学称为“科学的世界”，第二次契约意义上的科学称为“研究的世界”。拉图尔说：“现在，科学家可以进行选择了：要么继续坚持一种理想科学的观念，这与19世纪中期的境况相适应，要么向我们所有人、向大众（hoi polloi）进行调整，让研究的理想与当下我们所有人都深涉其中的集体实验相适应。”① 不承认价值判断在科学中所扮演的角色，继续坚持科学是价值无涉的神话，是当下科学家感到困惑、迷茫，也是当下科学权威逐渐丧失的“最深刻的根源”。为此，我们需要重审客观性。

第四节 重审客观性

科学实践哲学的做法首先是把价值引入科学内容。基切尔（Philip Kitcher）认为引入价值因素后，合理性并不会在科学活动中消失，因为合理性是行动者（科学家），而不是抽象科学的行动。对于科学家与科学共同体来说，合理性有两方面：（1）认识论的合理性，它深刻地反思着知识的内容，决定着接受或拒绝知识的主张。（2）实

---

① Bruno Latour, “From the World of Science to the World of Research?”, *Science*, *New Series*, No. 10, April 1998, p. 209.

践的合理性，它决定着什么样的行动能够并值得进行，在这里，非认知的价值，如“对目标与价值的理性陈述是科学研究正常功能的内在组成部分”[①]。允许伦理的、社会的、政治的价值进入科学，并不是在某些主流科学哲学的认识论规则的制约下进入，而是这些价值本然地进入。把科学视为一种实践活动，并不是想消除诸如真理与客观性的内部价值（认识论、方法论），也不是对客观性的一种偏离。因为“在良序科学的理想中，为真理保留了一个地位，但它被置于一个民主的框架之中，合适的对科学的意义的认识来说应该来自在理想的行动者之间的理想慎思”[②]。关键问题在于，作为“真理探索者的”科学家，他们也是社会环境中的行动者。为此不少科学哲学家（如劳斯、基切尔、杜普里）提出，科学的目标是有意义的真理（significant truth），而不是真理（truth）。“对科学的良好组织的研究来说，最重要的是有意义的真理标准。”[③] 加上一个形容词“有意义的”，就意味着科学不仅在实践上是有价值的真理，而且其真理也只有依靠这些价值才能得到理解。正如基切尔所说，科学“在必要的条件外，存在着一个对意义的要求，这种意义不能按照某种投射性的理想（完整的科学、万物理论或理想的地图集）来理解……科学的意义必须参照特定群体的特定兴趣与特定的历史的背景来理解”。[④] 因此，“科学的真正目的是发现有意义的真理”。[⑤] “我们需要一个‘理论的’或‘认知的’意义的观念，以帮助我们将具有内在价值的真理标识出来……道德的与社会的价值看作是内在于科学实践的。”[⑥] 如，科学中所提出的问题、使用的设备、形成我们研究的分类框架，甚至我们的研究对象，都会受到前人或当下的道德、经济与政治的价值所影响。我们认识论意义的标准，会被过去的实践与制度所调整。因此，认识论不能

---

① ［英］菲利普·基切尔：《科学、真理与民主》，胡志强、高懿等译，上海交通大学出版社 2015 年版，第 210 页。

② 同上书，第 241 页。

③ 同上书，第 76 页。

④ 同上书，第 79 页。

⑤ 同上书，第 80 页。

⑥ 同上。

把自己置于日常生活之上。相反，它们只有与实际价值相权衡，才能造福于人类。

其次，对价值进入科学进行哲学上的辩护。朗基罗（Helen Longino）对客观性的重新诠释一直是当下大量哲学著作的关注点。朗基罗的分析开始于"证据对理论的不充分决定性"的论题，因为在这里，价值无涉开始失效了。依据其逻辑，科学理论不能是被经验证据完全决定的，即使我们想象我们已经聚集了所有的可能证据。因为任何理论都预设了各式各样的背景信念与假设（包括什么算作证据的标准），理论已经不能单独通过观察证据来确立。马尔凯也说："迪昂－奎因命题和库恩的范式理论"表明"物理世界中并不存在唯一的决定科学共同体理论结论的东西"[①]。朗基罗认为如果这一证据鸿沟存在，那么理论的选择中必然会渗透价值。因此，所有理论最终依赖于价值。为此，朗基罗开始对客观性进行一种新解释：科学家及其共同体中本身就持有价值承诺，而且价值在本质上并非必然是偏见，而是其必要的组成内容。按照朗基罗的说法，对知识价值本性的认可会导致承认理论的多元化趋势，这种多元化源于相异的背景信念与价值。在这种框架中，客观性的途径是通过一种集体的社会过程而显现，在其中，利用某些评价规范（如发表场所、批判性利用、认知标准的透明化与知识权威的调和特征等），批判性地评价相互间的背景信念与价值，对不同科学理论之间的冲突进行调和，才能获取科学共同体的客观知识。朗基罗的规范认识论形成了当代客观性的哲学著作的基础。[②]

最后，把客观性还原于实践。哈金认为，在抽象中讨论客观性是一种徒然的文字游戏，其功能不过是把一种本质上是不稳定的概念抽象为一种稳定之物。哈金把科学哲学中客观性之类的术语称为"电梯词"（elevator words）[③]。哈金认为我们不要信任这类电梯词，因为它产生出来的是不切实际的，听起来重要，但却是无益的争论。我们应

---

① 转引自邢冬梅《库恩与科学知识社会学》，《江苏社会科学》2012 年第 5 期。

② Helen Longino, *Science as Social Knowledge: Values and Objectivity in Scientific Inquiry*, Princeton University Press, 1990.

③ Ian Hacking, *The Social Construction of What?* Harvard University Press, 1999, p. 22.

该放弃这类看似会增加一个主张的权威性之类的电梯词，去讨论具体问题的“客观事实”。因此，哈金呼吁：“让我们走向案例，而不是普遍性。”[①] 哈金认为有两种客观性：[②]　（1）实践世界中的问题（ground-level questions）：在具体问题的研究中，哪些东西享有科学的客观性（如，当药物研究源于制药公司的基金时，我们能够信任医学研究吗？）。（2）二阶故事的问题（second-story questions）：假定客观性是一种稳定的认知理想的一般问题（如，什么是科学客观性？如气候科学的研究满足科学客观性的标准吗？）。不要抽象谈论客观性，就是指我们应关注于（1），而不是（2）。

哈金的这种想法源于美国实用主义哲学家奥斯汀（Austin）。奥斯汀曾暗示，一个词的日常用法就是其意义，因此，我们应该讨论各种语境中的客观性。哈金因此把客观性视为一个形容词，而不是名词。我们不要讨论客观性，而是要讨论“客观的”观念。这意味着“客观性”是指，在不同的语境中，科学家的研究是否满足客观的要求。如我们为何相信量化分析，为什么我们做决策时，时常利用数据？这不是因为数字的无偏见性，而是因为我们不相信我们的同伴。[③] 这种实用主义的解释表明（1）这是当下社会在历史中形成的一种实践惯例，没有它，社会将分裂。在这种意义上，我们可以说数字是“客观的存在”。（2）社会成员并没有给出理由，说明为什么要遵从这种实践。其次，由于非认知价值不断介入认知主体及其机构，诸如“客观的”之类认识论术语的意义会不断地发生变化，就需要我们追踪科学研究的细节性工作。在这种追踪中要考虑的第二个问题是：我们应该相信谁的数字？这是一个隐藏在“客观性”阴影中的严肃问题。这是奥里斯克（Naomi Oreskes）研究的公众信任问题，最引人注目的可能是全球气候变暖的例子。奥里斯克不是在讨论客观性，而是在判断专家是否遵守“客观的”要求。[④] 在这方面，“客观的”更像

---

① Ian Hacking, “Let’s Not Talk About Objectivity”, F. Padovani (et al.) (eds.), *Objectivity in Science*, Springer, 2015, p. 29.

② Ibid., p. 7.

③ Theodore M. Porter, *Trust in Numbers*, Princeton University Press, 1995.

④ Naomi Oreskes & Erik M. Conway, *Merchants of Doubt*, Bloomsbury Press, 2010.

是一些实践的道德诫令："让我们突出诫命方面。"[①] 在不同的语境中，"客观的"就意味着：不允许忽视证据、不允许忽视批评、不允许损害他人的利益，等等。

总之，当我们把客观性还原于科学实践，我们就会发现真理不仅是事实的问题，还是价值的问题，是事实与价值相结合的真理——"有意义的真理"。如何使价值因素有效地贯穿于科学研究之中，保证科学的正常发展，促进科学能够在社会中健康运行，哲学家开始思考如何把客观性视为行动的规范或道德诫令。这就是科学实践哲学为客观性带来的新认识。

结束语

任何严肃的学者都不会把证据的客观性看作主观任意的，更不会把它视为一种权力游戏。哲学家之所以特别关注价值无涉的科学想象，不仅是因为它是认识论上的幻想，更重要的是因为它会带来一系列社会问题，如掩盖科学家跨越伦理红线去获取科学事实的现象；在公共政策和道德辩论中，如果重要的价值被隐藏在一个客观的外套下，如在智商和种族、生命资本的偷窃或碳排放的科学研究中就隐藏着价值的导向，将它们当作完全客观的，将会导致有害结果。所以，当价值无涉的客观性受到质疑时，我们生活中的一项根本制度正在受到挑战。由此带来了一个问题：如何在伦理思考与认识论问题之间进行协调。正是从这一角度，科学实践哲学重审了客观性问题，以"有意义的真理"，一种事实与价值相结合的真理，去取代"客观的真理"。它不仅要求认识论上的辩护，还要基于社会政治与伦理的理由来判断真理。价值成为知识客观性的有机组成部分，它是科学知识得以正常生产，科学造福于人类的基本前提。当然，对正常价值的偏离可能会导致科学知识生产的中断，给社会带来"恶"，如黄金大米事

---

① Ian Hacking, "Let's Not Talk About Objectivity", F. Padovani (et al.) (eds.), *Objectivity in Science*, Springer, 2015, p. 9.

件。这意味着，科学哲学的任务要发生改变，即其对客观性思考，不仅是对科学知识合理性的一种辩护，还是一种治理科学的方法论思考。只有在辩护与治理的辩证法中，科学才能得到健康的正常发展，自然、科学与社会才能真正走向共同生成、共同存在与共同进化的良序科学（well-order science）。

第十七章　现代科学何以能普遍化？科学实践哲学的思考

“现代科学”本身就是一个矛盾的术语，因为它同时意味着“普遍的”与“西方的”。“西方的”本身是一个地方性概念，“普遍的”却是一个全球性概念。这就是“空间与真理的矛盾”①。任何科学知识无疑都是出自某一特定的实验室空间，然而，现代科学能够消除其建构过程的西方性，能从一个实验室扩散到其他实验室，从西方传播到非西方世界，变成普遍真理。结果，一种特殊的空间使其科学主张摆脱空间，空间由此获得了无空间性。这一普遍化的内在机制是什么？20 世纪 70 年代前，占主导地位的逻辑实证论把“普遍性”归结为价值无涉的科学方法论，其认识论基础是自然实在论，一种绝对主义。20 世纪最后 30 年，随着知识社会学的兴起，“普遍性”成为有待于从非西方世界驱逐的西方霸权，其认识论基础是社会建构论，一种相对主义。20 世纪 90 年代末，随着科学实践哲学的兴起，对普遍性的思考，研究领域开始从“理论”转向产生理论的“实验室研究”，转向西方科学传播的“具体途径”，研究视角开始从孤立的“自然”或“社会”转向自然与社会的相聚、西方科学与非西方知识之间的碰撞。不过国内外相关研究主要集中于科学史，哲学角度的研究并不多见。本章尝试从科学实践哲学的角度给予回答。

“科学实践哲学”，顾名思义，就是把“科学实践”而非“科学文本”作为主要的研究对象。囿于西方传统分析哲学的偏见，主流的

---

① Tom Gieryn, “Three Truth-sports”, *Journal of History of the Behavioral Sciences*, Vol. 38, No. 2, 2002, p. 113.

科学哲学对此持强烈的拒斥态度，原因在于这种新科学观实质上是一种“辩证唯物主义的生成论”①，因为它是在科学实践得以发生的物质世界（实验室），而非主流科学哲学的波普式世界3中，从自然与社会、客体与主体、绝对与相对的辩证共舞中思考科学事实的生成与演化问题。科学实践哲学的方法论意义在于，它告诉人们，哲学的价值应体现在科学实验及其传播的过程之中，而非凌驾于其上。

第一节　普遍性的两难选择

一　逻辑实证论视域中的普遍性

20世纪20—50年代，逻辑经验论主导着科学哲学的发展，它关注的是作为知识的科学，把科学视为一个认识论的概念，科学知识的合法性基础就是真理符合论。逻辑经验论主要研究科学方法论，认为科学哲学的任务就是对知识特别对科学概念进行逻辑分析。“通过在主体间可把握的东西的强调，这引发了对中性公式化系统的探索，对于摆脱历史语言残痕的符号系统的探索以及一个总的概念系统的探索。要拒斥那种模糊的距离感与不可测深度，追求简洁和清晰。”②这种价值无涉的形式化系统享有认识论上独特权威性，因为它能消除实验室及其传播的地方性，是科学达到普遍性的有效途径。也就是说，所有地方性的情境因素都可以通过“方法论规则”被过滤掉，填补知识的地方性与普遍性之间的鸿沟。方法论规则不仅确保了实验室之间的科学复制，而且还保证了科学知识的去情境化的表述和传播。这样，科学知识就除去地方性的指涉，不仅摆脱了所有的时空限制因素，还摆脱了所有建构者和建构过程。科学力量扩展到实验室之外的能力已经成为现代科学的一大特色，这对形成现代科学的普遍主义的文化形象显得尤为重要。科学史被解读为一种叙事的进步，知识的积累能够把不同空间知识逐渐统一为一种普遍规律。

---

① 西方科学实践哲学家不愿意承认，或羞羞答答地认可这一术语，如拉图尔只谈“唯物主义”，皮克林只承认“辩证法”，哈拉维只谈及“生成”，这主要是由于科学哲学强大的分析哲学传统的影响。

② ［奥］O. 纽拉特：《科学的世界观》，《哲学译丛》1994年第1期。

乔治·萨顿深受逻辑实证论的激励，进一步强调“科学的统一性和人类的统一性是一样的”。对萨顿来说，科学代表着被所有种族所共享的通向普遍真理的唯一途径。萨顿的“新人文主义”强调科学体现出一种人类普遍精神，这种方法后来被融入20世纪50—60年代的现代化理论。现代性是与理性、经验主义、效率和变革联系在一起，传统意味着宿命论，习俗、非理性与停滞。“科学世界观的代表人物坚决地站在朴素的人类经验的基础之上。他们满怀信心地从事着这样一项工作：清除形而上学和神学的几千年残骸……回归到一种统一的世界图景。”这种观念实际上隐含着两种意义上的欧洲中心论传播：在地理上，表现为从西方到非西方国家的单向线性传播；在文化和认知上，表现为西方科学的普遍性，它跨越了时空的限制，在传播过程中，它“同质化”了各地方性知识与社会。

然而，正如拉图尔所说：“直到今天，我们的科学观仍然导致了一种绝对的支配（而这种支配本来却该是相对的）。所有可能从具体情境通向普遍性的连续的微妙路径，都被认识论者切断了。”①

二　社会建构论视域中的普遍性

自库恩的《科学革命的结构》一书发表后，逻辑实证论受到了严峻的挑战。虽然库恩多次重申，他本人并不打算从根本上摧毁科学是理性事业这种说法。然而《科学革命的结构》的众多读者，忽视了其中许多模棱两可的思想，仿佛只听到一种声音：科学不是通过归纳而得到确证的真理，也不是通过抛弃被证伪的命题而进步，而是通过格式塔的革命性灾变而“进步”的。科学史因此就由获胜的一方来书写，不存在关于证据的客观性标准，只有属于不同范式的不可通约的标准；科学革命的成功，就像政治革命一样，靠的是修辞、宣传与对资源的控制；科学家转向一个新范式，这与其说是一次理性的心灵改变，还不如说是一种宗教的皈依。在皈依之后，自然界在他看来是如此不同，以至我们可以说他生活在“另一个不同的世界”里。随

① ［法］布鲁诺·拉图尔：《我们从未现代过》，刘鹏、安涅斯译，苏州大学出版社2010年版，第135页。

后出现了科学研究的“社会学转向”。如今常见到的说法是：科学在很大程度上是社会利益、协商与权力的故事；诉诸“证据”“事实”或“方法”，都不过是意识形态的“谎言”，以掩盖对这个或那个群体的压迫。因此，科学不仅没有任何认识论上的权威，也不是独特的理性方法，像所有受利益驱使的“探究”一样，科学不过就是一门政治。结果是，20 世纪 70 年代后，当科学家与许多科学哲学家还保持着科学的实在论的立场时，大部分科学史学家与科学社会学家都转向了具有某种色彩的社会建构论。这是 20 世纪末爆发“科学大战”的主要导火索。

社会建构论的出发点是布鲁尔的“方法论对称性原则”，这一原则坚持，无论真的还是假的，理性的还是非理性的观点，只要它们为集体所坚信，就都应平等地作为社会学的探究对象，诉诸同样类型的社会原因（权力与利益）来解释。这就意味着理性的信念和非理性的信念具有同等的认识论地位。布鲁尔曾经多次举一个例子①来说明这种对称性。考虑两种不同的原始文化部落，每一个部落中，都有自己的传统信念，人们普遍接受的，被认为比其他理由更具说服力的理由。当面临着信念的选择时，每一个人都很自然地倾向于自己部落的文化传统。对部落的人来说，这些文化传统提供为自己的知识信念进行辩护的唯一规范与标准。

在社会建构论的鼓动下，后殖民主义者把现代科学的普遍性视为西方帝国主义的霸权，视科学为殖民主义扩张的文化先锋队。印度后现代批判家兰丁说：“必须对科学持怀疑态度，因为现代科学是我们时代最根本的统治模式，它是所有制度性暴力的最终辩护工具。”②某些发展中国家，开展了一场在宗教权力下的“驱逐现代科学的后殖民运动”，目的是推动发展中国家全盘放弃西方学术的所有领域。它们谴责现代科学，视它为一种外来侵略，要用“地方性科学”去取代它。在“身份认同政治的部落文化”口号下，“被压抑的地方性知

---

① Barry Barnes & David Bloor, “Relativism, Rationalism and the Sociology of Knowledge”, M. Hollis & S. Lukes (eds.), *Rationality and Relativism*, Blackwell, 1983, pp. 29 – 30.

② Ashis Nandy, *Science, Hegemony and Violence*, Oxford University Press, 1988, pp. 121 – 122.

识”拉起了自己的“反叛”大旗。总之，对现代科学知识普遍性的批判是后殖民反科学运动的首要原则。对这些愤世嫉俗的批判家来说，现代科学已经成为一种需要从其受害者的视角来进行根本性批判的教条。

这种后殖民主义极端的解构立场，引起了学术界普遍不安。正如印度生物学家兰达指出“后殖民主义所要做的，无非就是禁止某一部落外部的人去评价该部落文化系统中信念的真与假，相反，却允许该社会与部落的人，以其内部的形而上学范畴或辩护标准把外来文化视为种族真理或帝国主义文化”①。

三 两难选择

科学虽然源于实验室或田野活动，是人类所建构的地方性产物，在逻辑实证论那里，方法论魔力赋予其超验的普遍性，被套上了不容进一步反思的禁令。科学的普遍性是一个既成事实，它一直都在场，毫无生成性与历史性。相应地，科学方法为自然界提供了“科学的”界定，那么，自然界对所有人来说都是一样的，科学知识就与文化无关了，这是一种绝对主义。

而在社会建构论看来，科学家生活于共同体之中，这种共同体中的社会权力建构了科学知识与对象，必然性真理被可控的信念所替代，普遍性的论证被文化的权力所取代。结果是将所有人囚禁在其自身地方性文化的牢笼之中，所有的科学知识被还原为地方性的、偶然性的社会建构的产物，从而否认科学具有任何普遍性。科学不过是强者的权力，普遍性反映出西方的霸权，所有这些都是有待于从非西方国度驱逐的“西方霸权”。这不仅抹杀掉科学与非科学的界线，陷入了令人绝望的相对主义之中，而且还导致了对科学的意识形态批判。

在当下学术界，人们认为逻辑实证论与社会建构论一直处于水火不相容的范畴——自然与社会、地方性与全球性——的两极对立，然

---

① Meera Nanda, “The Epistemic Charity of the Social Constructivist Critics of Science and Why the Third World Should Refuse the Offer”, Koertge N. (ed.), *A House built on Sand*, Oxford University Press, 2000, p. 303.

而，本书认为两者在本质上是相通的，都是基于西方哲学传统中主客二分的知识表征实在的机械反映论，这是“一个人类学空想从洞穴人到赫兹有关实在与表象的观点。这是一则寓言”[①]。哈金所批判的主流科学哲学的表象主义图像，同样适用于社会建构论。因为正是这种表象主义的科学观，使我们始终处在“我们是否真实地反映了我们的世界”的“方法论恐惧”[②] 之中。这种恐惧构成了自然与社会，地方性与普遍性的两难选择。如果说，科学哲学家通过规范性方法把普遍性变成了自然的“傀儡”，那么社会建构论则通过权力把科学变成了社会的“玩物”。前者通过所谓“全球性”某些普遍特征去界定“地方性”，后者却把“地方性”永久地囚禁在其自身文化的牢笼之中。结果就出现自然与社会的长期隔离，宗主国与殖民地之间的界限、文明与愚昧、现代与前现代之间的对立。两者的另一共同之处在于，“自然”永远静静地躺在那里，等待着科学方法来过滤或社会权力来重塑，这导致在科学观的长期发展中，自然的历史性始终没有进入哲学家的视野，因此，科学的普遍性从不具备真实的历史感，普遍性成为方法或文化权力的木乃伊。关键问题在于，两者都把科学视为一种理论，而不是实践，建立在符合论基础上的表象主义无法逃避自然与社会、普遍性与地方性、绝对主义与相对主义之间的二难选择，两者之争永远是无意义之争，因为不会有任何结果。如何消除这种困境，哈金呼吁“从真理和表象转向实验和操作”[③]。

第二节　普遍性的实践生成

1992 年，皮克林主编的《作为实践与文化的科学》出版后，科学哲学出现了“实践转向”，关键性标志是拉图尔等人提出的“行动

---

① ［加］伊恩·哈金：《表征与干预：自然科学哲学主题导论》，王巍、孟强译，科学出版社 2010 年版，第 VIII 页。

② ［美］安德鲁·皮克林：《实践的冲撞》，邢冬梅译，南京大学出版社 2004 年版，第 6 页。

③ ［加］伊恩·哈金：《表征与干预：自然科学哲学主题导论》，王巍、孟强译，科学出版社 2010 年版，第 VIII 页。

者网络理论”，随后发展出皮克林的“冲撞理论”，等等。上述研究进路的共同特征是，清楚地认识到逻辑实证论与社会建构论的基本立场的极端性，力图通过“科学实践”来达到对强纲领 SSK 与传统科学哲学的适当整合，以实现对两者的超越，重审科学的普遍性。

一　科学实践哲学

科学实践哲学的逻辑起点是拉图尔 1993 年在《我们从未现代过》一书是提出的“本体论对称性原则”。这一原则源于拉图尔对社会建构论的批判。1999 年，拉图尔与布鲁尔之间爆发了“对称性原则”之争。这场争论的焦点是坚持上述布鲁尔的“方法论对称性原则”，还是坚持拉图尔的“本体论对称性原则”。拉图尔要消除传统哲学中自然与社会的截然二分，在物质世界与人类社会之间保持对称性态度，坚持从两者的本体混合状态，即从一种“人类和非人类的集体”[①] 中去追踪科学的实践建构与生成的问题。

在“本体论对称性原则”的基础上，拉图尔等人提出行动者网络理论。行动者网络理论对称性地看待人类与物质，认为其都是科学实践中的行动者，众多行动者的联合行动就会结成一个网络，网络形成的内在机制是转译（translation）。科学研究“依赖于一种社会与自然之交织态的相互关系的转译网络”[②]。

何为科学？这是科学哲学最为基本的问题。行动者网络理论不再把科学理解为知识，而是理解为实践舞台上的一个本体的转译链。它将各种行动者（如物质世界、科学理论、工具与科学共同体等）联合起来，形成一个不断转译中的网络，这种转译的连续性保证了科学事实的生成性。如果这一链条在某处发生断裂，那么，科学事实将会丧失其实在地位。这种转译的行动者网络就是科学的实存方式。在《潘多拉的希望》一书中，拉图尔跟随由植物学家、生物学家、土壤科学家所组成的一个团队，到巴西博阿维斯塔（Boa Vista）的热带雨林中进行冒险；科学家们冒险的目的在于理解巴西雨林和草原之间的

---

① Bruno Latour, *Pandora's Hope*, Harvard University Press, 1999, p. 174.

② Ibid., p. 193.

界限变化这一科学问题，而拉图尔的目的则是理解科学家是如何解决这一科学问题的。科学家在巴西雨林之田野考察的分析，转译链的一端是巴西的雨林和草原，另外一端是远在圣保罗或巴黎的实验室，以及认证最终的科学论文的科学共同体。转译链经历了如下变化：科学家把森林和草原中的土壤，变为土壤比较仪器，然后又标记下各种符号，最后把土壤比较仪器变成实验室的一个仪器，最后，科学家从仪器过渡到铭文、从土壤/抽屉（即土壤比较仪的格子）/符号过渡到了论文。我们可以将每一个阶段都视为一个转译，每一阶段的产物都是人类因素和非人类因素之间互动的杂合结果。

如果我们要询问最后所产生之论文的科学性该如何断定，那么正是这个转译链保证了这篇论文的科学性。如果无人质疑这篇论文，那么这个转译链就隐蔽不见，如果论文遭到怀疑，那么，保持转译链的连续性，是保证论文之科学性的唯一工具。拉图尔这个案例中想要表明的是，科学是作为转译链的这种本体意义上的实存。因此，如果有人问拉图尔"何为科学?"，那么拉图尔的回答就是"科学就是指整个转译链"。

因此，自拉图尔后，人们开始关注科学实践得以发生的真实时空——实验室生活或田野研究。研究实验室中科学事实是如何在人类与非人类（物质—概念—社会）的聚集体的机遇性建构中生成与演化的问题，研究实验室所生成的科学事实所带来的自然—社会、客体—主体之间的共生、共存与共演的历史，科学哲学因此也就从认识论上机械的表象论走向辩证唯物主义的生成论。

二　追踪实验室知识的普遍化过程

在解释科学普遍性的信念时，在很大程度上，逻辑实证论依赖于方法论上对"实验"的界定：理论的检验、实验的设计、全盲和双盲的程序、控制组、要素隔离和实验的重复。人们可以通过检验或重复使实验的结果得到辩护。由于有了这样一套界定实验的方法论，人们就能消除不同时空中实验过程的情境性，使科学具有普遍性。因此，实验一直担当着知识普遍化的重任，为"科学方法"的普遍运用提供一种框架。

然而，“当‘实验’这一概念转向‘实验室’这一概念时，便开辟了一个方法论力不能及的新的研究领域”。[①] 实验室使那些我们能在更广阔的地方性情境中去思考与建构知识有关的所有可能的活动。它表明，科学对象不仅是在实验室中通过“方法与技能”建构出来的，而且不可避免地服从于符号与社会解释。例如，在建构与解释事实时，除了方法论上的具身性操作技能外，科学家在科学论文中还要利用说服性的修辞技巧，利用政治策略去建立同盟和调动资源，才能建构出科学事实的转译链。这表明任何“实验室”都是一种“自然—仪器—概念—社会”的聚集场所，其中包括自然对象的可塑性、解释的理论资源的可变性、地理空间的特殊性、复制实验的能知性，还有实验建构所需的技术设施、实验技能，研究人员所处的特定社会关系网络以及研究中遇到的实践性难题，这些都反映出实验室之中科学研究的地方性特征。

如果实验建构出来的知识是地方性的，那么为什么科学理论又会从一个实验室走向另一个实验室？

科学实践哲学会从自然—社会、地方性—全球性的接触带中去思考科学的普遍性，这不仅规避了上述表象主义的难题，而且还会给科学的普遍性以一种合理的历史解释。科学之所以能够从一个实验室到另一个实验室，这源于一个实验室中工具、思维方式与科学共同体——这种人类与非人类聚集体中——标准化网络的转译链的确立，正如拉图尔在谈到“波义耳定律”的普遍性时指出：“那么，它是如何扩展到‘每一个地方’的呢？……答案就是，它从来就不具有普遍性——至少，按照认识论的观点来看确实如此！它的网络得到扩展，并且稳定下来……将具有普遍应用性的物理学定律重新请回到了一个标准化实践的网络之中。结果自然就是，波义耳对空气弹性的解释被普遍接受……空气的重量确实是一个常量，但却仅仅是一个处于标准化网络中的常量。随着这种网络的扩展，对于真空的制造来说，其所需要的能力和仪器就变成了一项循规蹈矩的工作，就像是我们所

---

① ［美］希拉·贾撒诺夫等编：《科学技术论手册》，盛晓明等译，北京理工大学出版社2004年版，第111页。

呼吸的空气一样，人们难以再看到它们；然而，这就是传统意义上的普遍性吗？绝对不是。”[①] 在拉图尔看来，普遍性是实验室的整个标准化网络转译链的扩散。如当巴斯德发明炭疽热疫苗之后，德国人和意大利人都来向巴斯德购买疫苗，结果是，疫苗在意大利并没有发挥作用，但却在德国发生作用了。原因就在于，意大利人仅仅拿走了疫苗，而德国人不仅拿走了疫苗，而且还在德国为疫苗重造了一个新的标准化实验室，并让疫苗适应新的地方性情境。因此，拉图尔把实验室视为一个“计算的中心”，它能够通过“标准化的手段”制约其他实验室的相关研究，科学的普遍性就是实践中“转译”的一种适应性成就。科学的传播，与其说是线性的扩散，不如说是就地方性的目的来说，转译调动与修补了各种地方性资源，以适应新的科学需要。标准化网络的转译链越长，其普遍性就越高。

标准化，首先是实验室空间的标准化。实验室空间的标准化是一道“规范性的风景”，它带来的是实验室建筑与空间布局的标准化，随之带来的是实验室仪器、程序与研究对象的标准化。标准化并不仅保留了原有实验室空间中的指称关系，而且还能重新适应各种不同的特殊空间。通过把过去的经验融入标准化程序与设备之中，就能减弱其对情境的敏感性，使程序在特定使用范围之外具有可拓展性。如梅毒与血液复杂变化之间的相关性事实，首先出现在一个非常有限的情境中，然后通过瓦塞尔曼反应程序的重复和实践性完善，逐渐扩展到新的领域，最终就成为“集体实验事物的方式”。标准化实验室还使科学对象的不断显现，“细胞”“遗传基因”“粒子”“大气压力”等这类实体穿梭在不同实验室中。实际上，剑桥、哈佛大学与北京大学的类似实验室是“同一区域的”，因为它们以非常相似的方式来设计及兴建。由此，科学家能作出合理的假设，知识生产的条件——物质的、社会的和文化的——在不同的语境中是等价的。

其次，除了这种非人类的物质方面的标准化外，科学家认知模式的标准化也是一个重要的因素。哈金的“历史本体论”给予了很好

---

① ［法］布鲁诺·拉图尔：《我们从未现代过》，刘鹏、安涅斯译，苏州大学出版社2010年版，第28—29页。

的说明。历史本体论其主要目的在于对科学对象命名系统的起源与变迁给予一种历史的说明，用不断更新的命名范畴去描述对象之所以成为“科学的”的生成与演化过程，追踪科学对象的独特历史踪迹，把科学对象的生成、演化与人类历史，特别是西方文明在其长期历史发展中形成的思维风格联系在一起。探索科学的形成与客观性观念的起源。它关注的是现存的客体、主体与思想何以在历史中成为可能。他把这种可能性归结为思维风格。哈金借鉴了科学史家克龙比（A. C. Crombie）提出的欧洲科学的六种思维风格——数学的、实验的、假说的模型化、分类的、统计的和历史——起源的思维风格，哈金认为只有在这六种思维风格中所从事的研究自然的活动及其结果才能称为科学，并且只有掌握了这些思维方式的人才有资格称为科学家。这就是主流科学的思维范式，是科学家认识世界的标准模式。

值得注意的是，无论是对工具性的标准的把握，还是对标准的认知方式的理解，都不是方法论程序的编码化扩散，而是通过实践才能把握的技能性活动，它依赖于大量非形式化的、部分具有默会性质的能知。实验的复制往往暗含着科学家与实验安排之间的紧密互动；整个科学的传播伴随着这种能知、这些观看、解释方式以及观察语句。

三 追踪西方科学的全球化过程

就西方科学向非西方世界传播意义上的普遍性而言，拉图尔说：“在甚至是长网络亦全方面地保持了地方性。我们似乎也是在将西方人的长网络转变到一个对称的、全球的整体之中。为了驱散这个谜团带来的阴霾，就要去追寻那些允许这种规模之变化的路径。”[①] 重构西方科学传播的转译网络，挖掘发生在不同地方性场所之中的不平等而杂合的对话、转译和交易，在拉图尔看来，这是理解科学的普遍性的关键。正是在拉图尔的工作的影响下，重构这种转译网络已经成为当下国际科学史界的一个热点问题。

首先，除了上述实验室的标准化网络与思维方式标准化的转译链

---

① Michel Foucault, “Power/Knowledge: Selected Interviews and Other Writings 1972 - 77”, Colin Gordon (ed.), *Harvester Press*, 1980, p. 69.

扩散外，还有一个重要的社会维度——全球化。我们无法否认西方科学在全球化中的主导地位，因为全球化就源于西方世界，这是一种无法改变的历史、现状与趋势。正是通过“西方科学”的智力导向，第三世界国家正在实现其各具特色的“现代性”，科技成为现代性的主要标志，是阐述发展中国家现代性的一个关键场所。在日益增长的全球性知识经济中，国家的财富与地位最主要是由其自身的科技创新能力来决定的，科技日益成为经济—政治议程中的重要组成部分。人类基因组之类的“大科学”研究，不仅可以解除人类的疾病，更重要的是，它还是区域、国家与民族经济发展的关键。是否拥有关键的科技，成为一个国家在全球化中发展状态与地位的决定性因素。

其次，在全球化的背景下，每个科学专业都共享了一个库恩式的全球性共同体，它囊括了共同的专业基质、形而上学观念、科学的价值观等，当然，西方科学通常主导着这一共同体。非西方世界的科学共同体通常是全球性科学共同体的一个子集。这个子集经由国家体制的安排得以产生并强化，这些体制安排包括教育系统、专业协会、会议、基金组织和政策等，其结果就是科学的制度化。在世界各地，科学的制度化安排都惊人的相似，它们有一个共同的来源——实验室的标准化与实验结果的数学化。由联合国教育、科学及文化组织等体制框架所推动的全球化努力，使这些标准从西方走向非西方，遍布全球。在全球化这一过程中，教育作为一种社会机构（通常是西方大学的拷贝），通过标准的教科书、课程、教学原则、教师等，向遍布世界各地的学生传播着标准化的知识。教育的全球化创造出了一种国际大都会的趋势，使参与者改变了自己的传统身份，进而使得非西方社会的传统文化与社会生态也发生了改变。第二次世界大战后，现代化纲领的实质就是把世界置于一个以西方科学为模版的共同诉求之中。

我国的中医教育改革就是一个典型的例证。我国卫生部于1951年12月27日颁布了《中央人民政府卫生部关于组织中医进修学校及进修班的规定》，其中规定“中医进修学校的西医课程为基础医学（包括解剖、生理、病理、医史、药理、细菌、寄生虫学），预防医学（包括公共卫生、传染病学）和临床诊疗技术（包括内、外科、急救学等）”。随后我国的中医院校开始教学改革。中医专业中西医课时数占总课时数的比例随着时间的推移而呈现增长的趋势，如南京中医药大学的相关比例就从 1954 年的 30.38% 上升到 2011 年的 42.24%；同时在 2009 年到 2010 年期间，西医的重要课程，如生物化学、生理学、人体解剖与组织学、微生物学课时数已经高于了古代中医教育重点的四大经典的课时数。这种教育的目标是赋予中医以现代科学的身份，即运用上述现代科学的标准化网络，揭示出导致疾病产生的病原体；运用动物实验和西方现代仪器进行实验，客观、准确、清晰地揭示中药的作用机理和疗效机理；等等。这种教育隐藏着一种库恩－福柯式的规训哲学：它规定了人们应该研究什么医学问题，必须依靠什么方法去解答这些问题，什么样的解释符合医学规范。正是通过这种教育的改革，中医专业的学生开始把握西医思维和理论，并在研究生和博士生阶段得到进一步的“强化规训”。通过教育，中医被“纳入”西医“范式”中，学生被培养成“现代化”的中医生，获得合法的“科学身份”。

然而，在研究过程中，我们发现，这种教育改革在地理上，并非是从西方到非西方国家的单向线性传播；在文化和认知上，并非西方科学跨越了时空的限制，“同质化”了中医。在课堂教学的观察中，我们发现时常会把中医术语与西医术语相互诠释。如中医的经行泄泻（脾虚症），用西医术语“经期前盆腔出血”来解释；而西医的“显性水肿”和“隐性水肿”，则用中医“气滞性水肿”来解释。这表明，中医教育的现代化并不会抹杀中医理论的传统指涉关系，西医只有在适应中医的语境中才能获得特定的可理解性与意义。这并非简单的“中心”控制“边缘”，而是相互内折（fold into 拉图尔语）的过程。这意味着在普遍性的问题上，我们要超越严格的文化界限，如中国—欧洲、东方—西方，去追踪西方科学在地方性空间中的传播、转译与建构过程，这会把普遍性理解为一种交流性转译意义上的生成。当西方科学在非西方世界传播时，各种地方性空间会出现各具特色的阻抗、竞争、变化与适应的复杂性，由此会带来西方科学传播过程中无法回避的策略，如融入性与本土化、阻抗与顺应等。因此，这种转译不是单向性的，西方在改变非西方时，非西方也部分地重塑了西方，真正意义上“全球性科学”应是这种相互碰撞的生成结果，即使这种相互重塑在权力上是不平等的。普遍性并不是一个目的论的或线性的故事，普遍性只有在一种地方性知识的活动与再现的历史中才能得到释放。

结束语

现代科学之所以能普遍化，这不是“方法论过滤”所造成的既成事实，更不是西方强权的阴谋，而是历史所造就的不可逆的事实。普遍性，这一如此厚重的历史，人类不可能独自去承担，物质世界更无法独立完成此重任。普遍性是物质世界（实验室的标准化）与人类社会（思维方式的标准化与体制安排的标准化）、西方科学与非西方知识交织成的行动者网络，在全球化这一历史机遇中相聚碰撞而生成的结果，所造就的历史与现状。这就是科学实践哲学带来的对“科学的普遍性”的新理解，一种生成论意义上的理解。

第十八章　科学与人文的分裂、冲突与融合："科学实践哲学"视角的思考

1992年，美国科学哲学家与科学史家安德鲁·皮克林主编的《作为实践与文化的科学》[①] 一书出版后，科学哲学出现了一种"实践转向"，即从传统的"理论优位"转向"实践优位"，从"实验室研究"，而不是"文本"中去思考科学的合理性问题。

科学与人文，即两种文化的分裂，虽然由来已久，如19世纪的"卢梭问题"，但在学术界引起人们广泛关注的是斯诺1959年出版的《两种文化与科学革命》(*The Two Cultures and the Scientific Revolution*)一书。斯诺第一次非常明确地将这一问题提了出来，引起了国际社会的极大反响。本书的主要内容是斯诺1959年5月在其母校英国剑桥大学所做的演讲。在剑桥大学历史学教授斯蒂芬·科里尼(S. Collini)为本书作的1998年版的序言里，科里尼指出斯诺在一个多小时的里德演讲中至少做成了三件事：发明了一个术语——"两种文化"，阐述了一个问题——人文学者和科学家之间的文化割裂，即所谓"斯诺命题"，引发了一场争论——围绕着"斯诺命题"展开的一场旷日持久的思想论战。

然而，在"斯诺命题"里，国内外学术界更为关注于"两种文化分裂"的问题，没有注意到在本书中，斯诺提出的"科学革命"的问题。如在剑桥大学出版社于1998年和2000年版本中，就去掉了

---

① Andrew Pickering, *Science as Practice and Culture*, University of Chicago Press, 1992. 中译本为《作为实践与文化的科学》，柯文、伊梅译，中国人民大学出版社2006年版。

原标题中"科学革命"这一术语，仅保留了"两种文化"。但仔细读斯诺的原著，我们可以发现斯诺实际上更关注于"科学革命"。斯诺的"科学革命"这一术语并非指"纯科学"意义上的革命，而是指科学技术所带来的工业革命。科学技术的应用在20世纪40年代达到高峰，其最重要的标志是美国制造原子弹的"曼哈顿工程"，这一工程使科学在20世纪50年代后进入"大科学"阶段——科学技术的国家化与社会化，或者科学、技术与社会组成了一张无缝之网——技科学（technoscience——拉图尔语），其主要特征之一是科学的研究与开发融为一体。只有在这一"大科学"的背景中，我们才能理解"斯诺命题"为何由两种文化的分裂演变为20世纪末的科学与人文社会学科之间的全面大冲突——"科学大战"。也只有从这一角度，我们才能透过两种文化分裂与冲突的现象，在全球化政治经济格局中彰显其政治、经济乃至伦理的内蕴。否则"两种文化"只会处于斯诺所描述的"各人自扫门前雪，莫管他家瓦上霜"的长期分裂、鄙视甚至敌视状态，不会演变成20世纪末的全面大冲突与对抗。引发这种对抗与冲突的是两个相关联的问题，一是"科学建构的社会化问题"，二是"科学研发所引发的风险社会的问题"。鉴于篇幅所限，本章侧重从"科学实践哲学"的视角对第一个问题进行剖析，并由此探索两种文化的融合问题。

第一节　斯诺命题

如果有人问，世界上最遥远的距离是什么？文学家可能会回答，物理距离的迫近与心理距离的阻隔，这种咫尺天涯才是最遥远的距离；歌唱者可能会回答，答案在于"蓝天之外直达你心里"，这同样是说心理距离是遥不可及的。但在斯诺看来，这些距离并不遥远，因为他们仅仅反映了个体之间的空间差距。他的答案是，世界上存在着两群人，这些人"才智接近、种族相同、社会出身差别不大、收入相差不多，但却几乎没有沟通"①。这两群人就是科学家和文学知识分

---

① ［英］C. P. 斯诺：《两种文化》，陈克艰、秦小虎译，上海科学技术出版社2003年版，第2页。

子，他们活动的物理空间相隔并不远，或许就像是柏林顿馆或南肯辛顿到切尔西之间只有几个街区的空间距离，[①] 甚至完全可以存在这样的情况，某一（物理学最新进展）物理学实验室，隔壁就是文学系莎士比亚文学研究所。这在物理上是一堵墙的空间距离，实际上却要比“几千英里的大西洋”还要遥远，因为穿过大西洋之后，人们会发现在美国的格林尼治村与英国的切尔西说着一样的语言，但是他们却听不懂麻省理工学院内科学家们所说的哪怕一个字，仿佛科学家们讲的是他们无法理解的藏语。这种分裂并不是某一特定的、局部空间下的产物，这是整个知识界的状态。斯诺指出，人类社会正日益面临着以科学家为代表的科学文化与以文学知识分子为代表的人文文化之间的分裂。这种分裂是全方位的，科学家与文学知识分子之间彼此无知、彼此蔑视，甚至老死不相往来。这种分裂状态在英国剑桥大学两群教授中显得十分鲜明。如实验原子科学奠基者卢瑟福在 20 世纪 20—30 年代的众多发现改写了科学的历史，实验室中原子的分裂声音回荡在世界的各个角落，可是他却得不到剑桥大学文学、艺术与哲学教授的欣赏与青睐，甚至不知道他的存在。文学知识分子似乎认为科学对自然秩序的探索是与他们无关的，科学甚至不能被称作人类智慧的集体创造。因此，他们对科学家不屑一顾，甚至把科学家排除到“知识分子”圈子之外。反过来，科学家很少关注传统文化，他们中间几乎没有人读过莎士比亚的作品，甚至可以说，科学家很少读书，即使读书，种类也很少。那些对大多数文学人士来说犹如是必不可少的面包和黄油的小说、历史、诗歌、戏剧等，对科学家来说什么都不是。这是两种截然不同的文化。这源于科学家与人文学者在教育背景、学科训练、研究对象，以及所使用的方法和工具等诸多方面的差异，结果就造就了两大知识分子集团的不同思维方式：科学家群体关注于实验证据与逻辑推理，而人文学家群体却强调对具体对象审美直

---

① 柏林顿馆，位于伦敦市中心皮卡迪利大街上，曾经是大科学家波义耳及其家族的宅第，从 19 世纪中叶到斯诺演讲的时代一直是皇家学会的所在地（1857—1967 年）；南肯辛顿，伦敦市西南部的一个地区，这里有科学与工业博物馆、自然史博物馆、地质学博物馆，以及以其理工科高水平教育和研究享有盛名的帝国学院。切尔西，毗邻南肯辛顿而靠近泰晤士河的一个地区，在斯诺演讲的时代为艺术家集聚之地（作者注）。

觉上的把握，因而"两种文化中的人是不能互相交流的"。[①] 这使他们之间文化的基本理念和价值判断经常处于互相对立的位置，导致彼此鄙视甚至不屑于去尝试理解对方的立场。

在两种文化的分裂中，斯诺站在科学一边。这除了源于斯诺的科学家背景外，还有一个重要的社会因素，即在传统社会的等级制度保存相对完整的英国，科学家的出身都比较寒微，而文学家通常源于贵族家庭。就等级制度及其对社会生活的影响而言，没有其他任何一个西方国家比英国更趋于保守。在英国的教育中，系统的古典人文教育一向是英国贵族显示其高贵出身和教养的标志，也是那些想跻身于上流社会的知识分子甚至下层人士的唯一通道。然而，近代科学及其革命促进了平民社会的出现，从而使以人文学术为核心的培养绅士的教育与社会传统受到严峻挑战，许多出身社会中下层人士就凭科学或技术成就跻身于精英阶层。斯诺家庭就处于下层中产阶级和上层工人阶层之间，而卢瑟福 1871 年 8 月 30 日生于新西兰纳尔逊的一个手工业工人家庭。

"斯诺命题"的另一个不足是没有注意到各种社会学科。20 世纪末所爆发的"科学大战"，由科学家与文学家的分裂转变为科学家与社会科学家、文学家的全面大冲突。起因已不再是文学与科学之间象牙塔中的彼此鄙视，而是科学技术国家化这一"大科学"的背景。

第二节　两种文化分裂的方法论根源
——科学的逻辑重建

从科学哲学的角度来看，科学与人文的分裂源于科学与非科学的分界问题。关于分界问题的研究，最著名的就是逻辑实证论的"发现的语境"与"辩护的逻辑"之分。于 1938 年《经验与预言》中，赖辛巴赫提出了逻辑实证论著名的"辩护的语境"与"发现的语境"

---

① ［英］C. P. 斯诺：《两种文化》，陈克艰、秦小虎译，上海科学技术出版社 2003 年版，第 14 页。

区分的观点。赖辛巴赫提出两种语境之分，目的是想表明科学家的实际思维过程（发现的语境）与发现后的理论表征（辩护的语境）之间存在着本质差别。他认为“科学发现”是不能进行哲学分析的对象，解释“科学发现”也不是认识论的任务，科学哲学只能涉及科学“辩护的语境”。这种两分有两个重要的目的：（1）划定科学哲学与科学的经验研究途径（如科学史、社会学等）的界限。隐藏在这种区分背后的是这样一种基本假设：科学家提出一个科学理论的发现过程与对该理论合理性的评价与检验无关。赖辛巴赫的两分动机是对科学家的研究成果提供一种理性的重构，但绝不去思考导致获得这种成果的实际过程。（2）表明没有“发现的逻辑”，就没有必要对发现语境进行哲学重构。赖辛巴赫指出对思维的逻辑关系的描述远非思维的实际运作过程，而是试图建立一个既有逻辑完备性，又准确反映出思维的认知过程的理论，但其中要排除科学的非认知因素，如文化、社会与心理因素。在一个相容的逻辑系统中，认识论的任务就是去表明思维过程“应该”是如何发生，而文学、社会学或心理学则关注“实际”上是如何发生的。科学哲学关注思维过程的逻辑重构，它反映出科学的本质。① 第二次世界大战后的科学哲学界普遍接受了这种区分，它几乎就成为库恩之前的科学哲学的主导原则之一。如拉卡托斯就把这种区分应用于科学的编史学。拉卡托斯在《科学史及其合理的重建》一文中指出科学方法论是“合理重建的历史指导”。在科学哲学的指导下，人们就应该能够把科学史展示为体现出各种科学方法论原则的历史，从而达到对科学史的一种“合理重建”。只要人们做到这一点，他们就可以根据哲学来说明科学进步的合理性。拉卡托斯把其编史学概括如下：“合理重建或内部历史是首要的，外部史是次要的。因为外部历史的最重要的问题是由内部历史所限定的。外部历史对根据内部历史所解释的历史事件的速度、地点、选择等问题提供了非理性的说明。”② 劳丹也希望社会学家遵守自己的本分，回到与

---

① Hans Reichenbach, *Experience and Prediction*, University of Chicago Press, 1938, p. 4.

② ［英］伊·拉卡托斯：《科学研究纲领方法论》，兰征译，上海译文出版社1986年版，第163页。

思想史和认识论无关的科学的非认知因素的社会学中。为此，劳丹为社会学家设立了一种"不合理原则"（the arational principle）。按照这一原则，"只有那些在给定情况中并不属于理性牢固确立起来的思想，才是社会学要说明的合适对象"。[①] 由于这种理性思想史与非理性的知识社会学的分工，逻辑规则成为科学理论成功的唯一评价标准。这一点界定了科学知识的标准、证据与推理和那些被排除在认识论之外的非理性因素之间的界限。

这种分界，导致人们把科学研究视为一种机械的"算法模式"，[②] 其中心思想是把逻辑转化视为科学及其实验的中心工作。观察语句或经验语句转化为理论语句就成为哲学分析的主要任务。但把观察语句转化为理论语句联系在一起的转译远非是直接明了的，为此，人们已经提出了若干种建立这些转译的方式，所有这些方式都采取了抽象的逻辑形式：例如，对应规则（correspondence rules）、协合定义、词典或者某种详尽的解释体系。科学就成为"确定性"的同义词。在外行人看来，科学研究不过是"逻辑的翻转"。

在科学的外围，默顿的科学社会学主张对规范（普遍主义、无私利性、公有性与有组织的怀疑主义）的普遍遵从是由一种有效的社会控制系统所维系的。这些规范事实上指导着科学家们的活动，科学知识也只能在这些规范的控制中产生，因为它们能够消除科学家个体，甚至群体的动机、兴趣、文化负载与素质的多样化等非理性因素，使科学达到无偏见性与客观性。

总之，在二分的强制下，辅之以规范的科学社会学，自然与社会之间划出了一条强制性界限，把自然、理性与真理赋予科学哲学家，而把文化、非理性或虚假的问题就留给了人文社会学科，这是对人与物进行纯化而分离的讲述，自然科学负责讲述物，人文社会学科则负责讲述人。

---

① ［美］拉里·劳丹：《进步及其问题》，刘新民译，华夏出版社 1998 年版，第 207 页。

② ［英］哈里·柯林斯：《改变秩序》，成素梅、张帆译，上海科技出版社 2007 年版，第 137 页。

第三节 两种文化的冲突方法论根源 ——科学的文化建构

20 世纪末由“索卡尔事件”引发的科学家与人文社会学者之间的大论战——科学大战，源于 20 世纪 70 年代后期的文化建构论（又称“社会建构论”）的兴起。20 世纪 50 年代后，科学进入了“大科学”阶段，对科学技术的国家化与社会化这一现象的极端扩张，导致了对科学客观性、真理与合理性的全面解构。这种解构最初源于库恩的《科学革命的结构》一书。尽管库恩反复告诉我们，他本人并不打算从根本上摧毁科学是理性事业的这种观点。但是，《科学革命的结构》的许多读者，忽略了其中的众多微妙区分和模棱两可的说法，仿佛只听到一个声音：科学不是通过积累而得到很好确证的真理，甚至不是通过抛弃已被证伪的错误而进步，而是通过在一次次灾变过程中的世界观的巨变而“革命”。科学史从此就由获胜的一方来书写；不存在关于证据的客观性标准，只有属于不同范式的不可通约的标准；科学革命的成功，不是依靠证据与逻辑，而像政治革命的成功一样，靠的是宣传、文学修辞与对资源的控制；科学家转而忠实于一个新范式，这种转变与其说是一次理性的心灵改变，还不如说是一次宗教皈依。在皈依之后，自然在他看来是如此不同，以至我们几乎可以说，他们生活在“另一个完全不同的世界”里。随后出现了科学研究中的“文化转向”。在有关“科学合理性”的正确解释中，被主流科学哲学家视为有待克服的那些难题，如证据对理论的不充分决定性、观察渗透理论等，却被这一转向视为从根本上摧毁了科学是一项理性事业的基础。如今常见到的说法是：科学在很大程度上或在整体上反映着文化、利益、谈判、协商与征募的事情，或者是制造神话、叙事性文学等；诉诸“逻辑”“证据”或“合理性”不过是意识形态的谎言，以掩盖对这个或那个共同体的压制。根据这种当下流行的看法，科学不仅没有认识论上的特殊权威性，也不具备任何独特的理性方法，它只不过是人类文化活动的一个方面，与宗教、文学、艺术、社会学科一样，都是人类社会对这个世界看法的一种表达。更为极端的说法是，科学不过是一门政治。20世纪70年代后，当科学家与某些科学哲学家还保持着客观主义的立场时，不少科学哲学家、科学史学家与几乎所有的科学社会学家都转向具有某种色彩的文化或文化与社会建构论。

事实上，虽然科学哲学与文化建构论之间剑拔弩张，但两者在哲学上是一致的。从本体论的角度来看，两者都是以康德赋予自然与社会的两分状态为基础，它不仅导致了"泾渭分明的学科研究中的思维方式……在一般意义上，这种思维方式是现代思想的核心"①。科学哲学家毫无疑问地以这条界限作为自己工作的出发点。科学哲学家一直以自然一端为其认识论基础，在其中，物自体被留给它们自身，没有能动性、被各种强加在它们身上的模式或范畴所塑造。它们唯一的任务就是确保科学的超验的非人类特征，以避免唯心主义的谴责。而文化建构论却走向了另一个极端，把科学视为一种以人类为中心的事业。布鲁尔的"方法论对称性原则"用文化取代了康德的"自我"，要求用同样的社会学术语去对称性地解释科学的真理与谬误、自然与文化。然而，对称性原则的这种成功掩盖了布鲁尔论点中的不对称性，即用文化或社会，而不是自然去决定科学。结果，文化建构论开始从自然轴转向了社会轴。在康德的自然与文化的二分中，科学哲学偏向于从自然轴的机械论来说明科学理论，其方法论是绝对主义，而文化建构论却偏重于从社会轴来解释科学理论，其方法论是相对主义，并由此发展到对科学的全面解构，并上升到意识形态上的批判，从而导致了20世纪末科学家与人文社会学者之间的"科学大战"。②

第四节　两种文化融合的方法论根源——科学的实践建构

关键问题在于，无论是传统的科学哲学，还是后继的文化建构，

① ［美］安德鲁·皮克林：《作为实践和文化的科学》，柯文、伊梅译，中国人民大学出版社2006年版，第7页。

② 同上。

都是以“科学理论”这种最终产品，而不是“科学实践”这一过程作为自己研究的对象。当我们从“辩护的逻辑”进入“发现的语境”，从“文本”走向“作为实践的科学”，特别是在“大科学”背景下，我们可以看到科学与人文社会学科不仅不分离或冲突，而且是相互交融在建构科学的实践过程中。

20世纪90年代后，“实验室研究”成为科学哲学与科学技术论（science and technology studies）主要领域之一。当“实验研究”转向“实验室研究”时，开辟出一个方法论力不能及的新研究领域。“实验室”扮演着作为方法论堡垒的“实验”所无法扮演的角色。实验室研究是在自然—仪器—社会的聚集体中思考着科学实践。所有这些自然、仪器与社会的因素就是建构科学事实的“异质性要素”。在这种聚合中，自然的所做、仪器的所做、科学共同体与外部社会的所做都相互交织在一起，并强化了各方，其中并没有什么预先就存在着的主导因素。在传统科学哲学那里，自然是最重要的因素，而在文化建构论那里，社会起主导作用，而在实验室研究中，自然、仪器与社会都是实践建构中具有同等地位的异质性要素。科学实践关注着真实的科学实践——实验室科学中人类力量与物质力量在时间中相互共舞，关注在这种相互共舞中，科学事实如何涌现、生成或内爆出来。“它对科学实践给出了一般的分析，我称之为冲撞。它又是一部关于时间和力量的著作，阐释了时间和力量这一哲学、社会理论以及科学的历史编纂学研究领域内的核心问题”①。这就是皮克林教授所称的“辩证的新本体论”。

与此相应，实验室研究中出现了各式各样的自然的生成本体论、物质文化、实验哲学与实验仪器哲学，还有自然—文化的建构论。鉴于本书的主题所限，下面仅讨论“自然—文化建构”的研究，尤其关注“文化—社会”因素在建构科学中的作用。

---

① 引自皮克林教授2010年9月在“南京大学马克思主义社会理论研究中心”讲座之一“New Dialectic Ontologies”。

一　自然的社会重塑

实验室是改变自然力量的途径。实验室是一个“强化了的”环境，它“重塑”了自然的秩序。即实验室所运用的是这样一种现象，即对象并不是那些以“自然纯粹形态”而出现的固定实体。事实上，实验室很少采用那些存在于自然界的对象。相反，实验室所采用的是对象的图像（它们的视觉、听觉或者电子等效果），或它们的某些“纯化”成分。田野中成片的作物向实验室细胞培养的转变加速了观察的过程，细胞在培养瓶中的生长比成片的作物在田野中的生长要快。在实验室中，这些变化过程也独立于季节和天气的变化。这样，“自然秩序的时间尺度便臣服于社会秩序的时间尺度——它们主要受制于研究的组织与技术。”① 这是一种被“驯化”了的“自然”，即实验室科学把自然对象带回“家”，使自然条件受“社会审查”，并在实验室中“以自己的方式”来操作它们。

二　科学研究中的文字修辞与政治策略与技巧

在“大科学”背景下，科学事实不仅是实验室中技能与理性活动的产物，同样也不可避免地要受到社会的介入，如科学研究中文字上的修辞技巧，科学家之间、科学家与社会之间建立联盟和调动资源时所使用的各式各样的文字策略与技巧。从这种意义上来说，科学事实并非是对“自然”的镜像式反映，而是由实验室中各种文化要素所建构的，是一种文化产品。

如美国生物学家毕晓普与瓦莫斯在1982年提出的原致癌基因理论（proto-oncogene theory），1989年获得诺贝尔生理学奖，这是一种用新的分析单位——基因来研究癌症起因的理论。这种理论具有较高的抽象性，足以允许许多现有研究线索中的研究者在“致癌基因”标题下解释其关注的现象。

从生物学内部来看，这种理论的成功原因之一是它依赖于重组细

① ［美］希拉·贾撒诺夫等编:《科学技术论手册》，盛晓明等译，北京理工大学出版社2004年版，第112页。

胞 DNA 与其他分子生物学的技术，这些技术在 20 世纪 80 年代早期就被标准化并成为常规的方法，它们非常容易地从分子生物学实验室进入其他生物学实验室。抽象的、一般的致癌基因理论与特殊的、标准化技术的结合把新思想转化为常规活动。即利用重组 DNA 技术与选择基因作为共同对象，毕晓普与瓦莫斯把原致癌基因理论的兴趣转译为进化生物学、发育生物学、细胞生物学等学科中的兴趣，从而统一了不同的研究领域。这是其理论上的成功，这是征服自然的胜利。

除了这种自然的维度外，这种理论最后的成功还要依赖于毕晓普与瓦莫斯在不同社会领域中文字修辞的说服力与政治策略与技巧。他们必须设计各种技巧与策略去说服相关的基金组织，让基金会相信他们在过去几十年内投资工作的合法性与效率值得怀疑。而被说服了的国家癌症基金会（NCI）也带有自己的目的去游说国会议员，以增加资助这种新研究的拨款。对国会来说，其议员可向选民表明这是克服癌症的新希望，从而增加其政治资本。对于制药工业来说，它是一种可能极具商业前景的生物技术商品。对于大学校长来说，它为重组“过时的”癌症研究机构，使它们融入时下流行的分子生物学提供一种手段与辩护。对医生与致癌基因研究者来说，“细胞”与“癌症”具有不同的含义。研究者为了从事研究，就需要协调他们的工作与医生工作的风格与兴趣，因为他们并没有权力要求医生服从，他们得说服、回报与奖励医生与护士，以使后者为他们的研究保存活体器官组织。正是毕晓普与瓦莫斯这些特殊的修辞能力与策略，使具有不同目的，不同利益的群体聚集在“致癌基因”的旗帜下。正如以研究这一案例而著称的美国科学社会学家琼·H. 藤村说：“癌症的科学知识是在众多不同的社会领域之间的交界面处被建构的。在此之前，没有一个社会领域拥有自己的问题或解答。癌症的问题分布在不同的群体中，每一个群体具有自己的议程、关注点、责任与工作的方式。然而，致癌基因理论的成功应该归功于这种维持所介入所有群体利益的完整性的修辞能力。”① 总之，借助于文字修辞的能力与策略，所有

① ［美］琼·H. 藤村：《编织科学》，载［美］安德鲁·皮克林《作为实践和文化的科学》，柯文、伊梅译，中国人民大学出版社 2006 年版，第 183 页。

自然因素（基因），各种不同的生物学专业，各种不同的社会关系，还有流行病学家所揭示出来的不同种族、不同国家之间的文化差异都搭上了这趟"生物学彩车"。值得注意的是，上述各种博弈过程并不是时间上的延续并系，而是在时空中相互交织在一起的一个复杂网络，其中任何一个过程或节点出了问题，网络就会坍塌，"致癌基因理论"就不会成为"科学"。因此，所有这些因素，包括文化—社会因素，都不是外在于科学实践过程，而是科学实践的内生变量。

三　科学研究中的艺术想象

实验室研究强调科学的情境性，因而会突出研究者的个性，把它视为建构科学的文化要素之一。在实际的科学发现中，由于科学家受到的训练不同，所处的文化语境不同，会使他们的发现过程带有鲜明的个性化特征。汤川秀树是日本京都大学的物理学教授，1934 年他开创性地提出一种新的基本粒子——介子的理论，1949 年，他凭这一贡献获得诺贝尔物理学奖。中国古典哲学的启示对其创造性思维具有很大的启发作用。

他谈到了中国古代圣哲庄子对他的基本粒子研究的启发。他 1961 年的短文《庄子》，就记载了他受到的启发过程。他正在思索基本粒子问题时突然想到《庄子·内篇·应帝王第七》的一段话：

> "南海之帝为倏，北海之帝为忽，中央之帝为浑沌。倏与忽时相与遇于浑沌之地，浑沌待之甚善。倏与忽谋报浑沌之德，曰：'人皆有七窍以视听食息。此独无有，尝试凿之。'日凿一窍七日而浑沌死。"①

倏和忽不知浑沌有自己的本性，出于好心，强行把它改造成为七窍皆备而清晰的人形，结果导致浑沌的死亡。在汤川秀树看来，粒子世界恰恰也是这种对立的统一，在可分割的粒子背后是未分化而且不

---

① ［日］汤川秀树：《创造力和直觉：一个物理学家对东西方的考察》，周林东译，复旦大学出版社 1987 年版，第 49 页。

可分割的浑沌。汤川之所以想到这个寓言，是因为他正在对三十多种基本粒子背后的物质到底是什么而感到困惑。他就想象基本物质可能就类似于浑沌，它可能分化为一切基本粒子，但它事实上还没有分化。

在回忆了这段往事之后他写道："而且，最近我发现了庄子寓言的一种新的魅力。我通过把倏和忽看成某种类似基本粒子的东西而自得其乐。只要他们还在自由地乱窜，什么事情也不会发生，直到他们从南到北相遇于浑沌之地，这时就发生了像基本粒子碰撞那样的一个事件。按照这一蕴涵着某种二元论的方式来看，就可以把浑沌的无序状态看成把基本粒子包裹起来的时间和空间。在我看来，这样的一种诠释是可能的。"①

汤川秀树还在李白的诗和基本粒子之间建立直觉联系。1963 年，汤川提出关于时空量子化的基元域假设，他指出，空域概念正是老庄哲学对他思想发生影响的一种表现。相对立的四维时空连续域就是大诗人李白所比喻的"夫天地者，万物之逆旅，光阴者，百代之过客"这一艺术想象的科学表述。

四　科学研究中的伦理

实验室研究强调科学中"聚合"了自然秩序和文化—社会秩序。在这种聚合中，科学不仅受到了社会的介入，而且科学也介入了社会，这样，科学的认识活动会产生真实社会的、经济的与政治伦理的影响，因此，科学实践哲学不把科学限制在纯粹理性的范围之内，它要求认识主体要对自身的界限、预设、权力和效果进行反思。我们的认识活动作为生活世界的一部分，不仅介入了自然的构成，而且参与了社会的构成。这决定了科学在认识论上、本体论上与伦理上结合的可能性。所以，作为实践的科学，它在概念上、方法论上和认识论上总是与特定的权力相互交织在一起。因此，科学，作为干预社会的认识活动，在当下的全球化背景下，要对与认识相联系的参与者负责，

---

① ［日］汤川秀树：《创造力和直觉：一个物理学家对东西方的考察》，周林东译，复旦大学出版社 1987 年版，第 50 页。

要对生活的世界负责，对世界的存在负责。

如在经济全球化的浪潮中，随着发达国家高科技产品向发展中国家的输出，表面上带来的是"生物勘探"的问题，背后却承载着太多的"生物偷窃"的经济与伦理问题。如"黄金大米"，这一转基因食品，其研究与开发过程就合为一体。其中纠缠着由科学家、技术专家、实验仪器、实验对象、孟山都公司、美国塔夫斯大学、美国政府等各种各样的异质性要素所组成的一个行动者网络。"黄金大米"自研究之初就充满着争议。作为第一个要食用全部转基因部分的食品，并且导入了不止一个外源基因，其具有不确定的风险。两方面的具体争议包括：潜在致敏性、人畜体内与生态环境中的毒素积累、人畜体内病菌与外源基因的基因交流、物种间基因漂移带来的不可控因素、对于生物多样性的威胁等。随着转基因作物品种由最初的烟草、棉花逐渐扩展至广泛食用的大豆、油菜、玉米、番茄、土豆、牛奶等，更多涉及人类健康和环境风险，安全性与效用之争越发激烈。然而，"黄金大米"研发者认为黄金大米的安全是无须特别忧虑的。然而，基于各式各样利益的驱动，这些争议被有意识地掩盖了。

首先，"黄金大米"诞生之初的2000年，就充满着文化修辞的色彩。《时代》杂志封面就刊登了大幅照片，孩童在金色稻田前发出烂漫的笑容；专门网站www. goldenrice. org图文并茂地阐述着"黄金大米"将改善数十亿人的生活——"良好的开端，由食物开始"用了大号字体标出，大米推广者将通过"不侵扰当地传统的方式"来拯救每年数以百万计遭"营养大屠杀"折磨的濒死儿童。并列举出世界人权宣言第27章前2条，强调人人都有权分享科学进步带来的成果、维护自己的物质利益；而从最初直白描式的"金黄"大米到后来的"黄金"大米的修辞学加工，本身就承载着对产品优越性的自负式想象，黄金的耀眼色泽迎合了那些自古推崇和偏好黄金的民族，特别是重要受试区的亚洲。如印度对金黄色的食品具有好感，很符合印度人的饮食习惯，所以在印度可食用的"黄金大米"被视为微笑与幸运的象征。针对中国这一重要受试市场，它专门设计了中文链接，介绍"黄金大米"项目的历史、内容、性质，特别加上了针对"黄金大米"常见的"热门问题"的回应，称"黄金大米"可显著缓解维生素A的匮乏，并回答了公众对单位重量的“黄金大米”β胡萝卜素含量极为有限等的质疑。这种文化修辞的策略同样体现在在我国从事“黄金大米”实验的科学家身份上。从事相关实验的学者有两个身份：“教授”与“华人”。普通百姓对知识有一种崇拜，“教授”的身份特别容易引起人们的敬意。“华人”的面孔，同胞之情，语言相通，文化同一，更能获取“身份上的文化认同与亲和力”。加之利益的诱惑，使受试儿童伸出自己的小胳膊，忍受着抽血的肌肤之痛，去配合相关的实验。

其次，人体受试的伦理形变。“黄金大米事件”的最终调查结果证实具有预谋地违反相关法律法规、置受试者的权益与尊严不顾，完全背离了其所承诺的人道主义精神。在中国湖南儿童的试验过程中，“黄金大米—受试儿童”并不能构成合理的映射关系，即受试的衡南县儿童并无显著的维生素A匮乏症状，即使存在被医学公认的综合性营养不良，也可通过增加食品的种植或供应来自主提供健康支持。因此，“黄金大米”以欺瞒的方式完成人体实验，受试儿童承受伦理形变中的各种风险：（1）诱逼式风险——对受试者施加了不必需的风险，且这一风险带来的危害有可能是不可逆转的；（2）不公正的风险，“黄金大米”的人体实验为这一转基因产品后继研究提供了数据与信息资料，属于增值性知识内容。但其后继所创造的利益已不再属于或服务于受试方，而实验方和其他潜在知识和价值的分享者则成为主要受益方。（3）不被法律或道德许可的风险：生命世界机制的复杂致使药物或新型食品的人体受试不能仅仅是知会，而应辅以专业知识的传授，使受试者能够面对风险进行知情同意的选择。然而，“黄金大米”的研发者利用知识屏蔽来实现自身的利益诉求，这一伦理失范行径公然挑战了包含30条人体实验所应遵循的伦理原则以及5条附加原则的《赫尔辛基宣言》，这一宣言将人的尊严视为至高的价值。（4）实验主体的对象化。“黄金大米”作为兼有药性和食用性的新产品，其人体受试应当遵循药物测试的程序。而转基因食品的受试催生了尚待深入反思的新型劳动力——实验劳动力（experimental labors），它既不同于马克思所指出的“可以度量的损耗性劳动力”，也不同于标准化生产方式中工厂流水线上随时间机械性操作的工人。与其说是实验劳动力参与受试，更准确地表述是他们身体的新陈代谢系统正在接受风险测试，受试者经历了某种意义转换——肉体被技术意象化为某种物化存在，并与自主性责任、自我决策相脱离。儿童进入诱迫性的二元受试过程，在价值生产上成为生产的经济要素；在生物学研究中成为可资利用的、那些潜在于身体，并具有效能的生化应答机制。生物学研究指向深层的利益性干预。生物医学中“天然本体论”的科学内容，通过作出关于“健康”和“福祉”的承诺，似乎延续甚至强化了主体性意向，但实质是剥夺了人的天然整体性存在，使其在价值生产和资本流动中被对象化。

结束语

从方法论的角度来看，两种文化的分裂源于传统科学哲学中“逻辑的辩护”与“发现的语境”之分，两种文化的冲突起因于20世纪70年代后文化与社会文化论对科学的解构，即把科学视为对社会利益，而不是客观自然的反映。两者的关键问题在于把科学视为理论，而不是实践，坚持自然与社会截然二分。然而，我们如果把科学视为实践，从科学文本走向科学实践，我们就会看到由于“实验室研究”中自然—仪器—社会聚集体的多维度性，即除了科学哲学关注的认知与方法论维度外，还涉及社会、政治、伦理、文化、经济等维度，这就要求科学哲学与科学的社会学、政治学、历史学、文学、伦理学与经济学等学科进行跨学科结合，才能给予科学以一种更加完整与全面的解释。这表明，在科学实践中，科学与人文社会学科并不分裂或冲突，而是相互融合，相得益彰。同时，在20世纪以来的“大科学”的背景下，随着科学双刃剑所带来的“风险社会”问题的日益加剧，我们不仅要关注于“建构”科学的事实问题，而且更需要思考“应该建构”什么样的科学的价值问题，关注于科学的人文关怀，这样才能在高科技当下历史语境中，使物与人、自然与人类社会之间和谐地共同生成、共同存在与共同演化，使人类文明朝着健康的方向发展。这就是在全球化的背景下，科学会展现出来的深刻政治、经济与伦理的内蕴。

参考文献

外文参考文献

Barnes, B. , "Paradigm – Scientific and Social", *Man*, No. 4, 1969.

Baird, D. , "Not Really About Realism", *Noûs*, Vol. 22, No. 2 , 1988.

Balsamo, *The Virtual Body in Cyberspace*, London: Routledge, 2000.

Barnes, B. and Bloor, D. , "Relativism, Rationalism and the Sociology of Knowledge", In M. Hollis and S. Lukes (eds.), *Rationality and Relativism*, Oxford: Blackwell, 1983.

Bjelic, Dusan I. , "Lebenswelt Structures of Galilean Physics: The Case of Galileo's Pendulum", In Garfinkel, H. , *Studies in Ethnomethodology*, Cambridge, UK: Polity Press, 1984.

Bloor, D. , "Left and Right Wittgensteinians", In Andrew Pickering (ed.), *Science as Practice and Culture*, University of Chicago Press, 1992.

Bloor, D. , "Idealism and the Sociology of Knowledge", *Social Studies of Science*, Vol. 26, No. 4, 1996.

Bloor, D. , *Wittgenstein, Rules and Institutions*, New York: Routledge, 1997.

Bloor, D. , *Knowledge and Social Imagery*, London, Henley and Boston: Routledge & Kegan Paul, 1976.

Bowker, G. C. and Star, S. L. , *Sorting Things Out: Classification and its Consequences*, Cambridge, MA: MIT Press, 2000.

Bowker, G. C. , "Biodiversity Datadiversity", *Social Studies of Science*,

Vol. 30, No. 5, 2000.

Callon, M. & Latour, B., "Don't Throw the Baby Out with the Bath School", In Pickering, A. (ed.), *Science as Practice and Culture*, Chicago: The University of Chicago Press, 1992.

Chang, H., *Is water H_2O?* Dordrecht, Heidelberg, New York, London: Springer, 2012.

Collins, H. M. and Evans, R., "The Third Wave of Science Studies: Studies of Expertise and Experience", *Social Studies of Science*, Vol. 32, No. 2, 2002.

Collins, H. M. & Yearley, S., "Epistemological Chicken", In Pickering, A. (ed.), *Science as Practice and Culture*, Chicago: The University of Chicago Press, 1992.

Collins, H. M. & Yearley, S., "Journey into Space", In Pickering, A. (ed.), *Science as Practice and Culture*, Chicago: The University of Chicago Press, 1992.

Collins, H. M., "Stages in the Empirical Programme of Relativism", *Social Studies of Science*, 1981.

Cooper, M., "Experimental Labour—Offshoring Clinical Trials to China", *East Asian Science, Technology and Society: An International Journal*, No. 2, 2008.

Crombie, A. C., *Styles of Scientific Thinking in the European Tradition: The History of Argument and Explanation Especially in the Mathematical and Biomedical Sciences and Arts*, London: Gerald Duckworth & Company, 1995.

Daston, L. (ed.), *Biographies of Scientific Objects*, Chicago: The University of Chicago Press, 2000.

Daston, L., "On Scientific Observation", *Isis*, Vol. 99, No. 1, 2008.

Derriada, J., *Given Time: I. Counterfeit Money*, Translated by Peggy Kamuf, The University of Chicago Press, 1992.

E. McMullin, *The Social Dimensions of Science*, New Brunswick: University of Notre Dame Press, 1992.

Ewen, S. B. Pusztai, A. , "Effect of Diets Containing Genetically Modified Potatoes Expressing Galanthus Nivalis Lectin on Rat Small Intestine", *The Lencet*, Vol. 354, 1999.

Feynman, R. , *The Meaning of it All*, Penguin, 1999.

Finch, H. L. R. , *Wittgenstein: The Later Philosophy*, Atlantic Highlands: Humanities Press, 1977.

Fine, A. , *The Shaky Game: Einstein, Realism and the Quantum Theory*, Chicago: University of Chicago Press, 1986.

Fleck, L. , *Genesis and Development of A Scientific Fact*, University of Chicago Press, 1979.

Flory, J. and Kitcher, P. , "Global Health and the Scientific Research Agenda", *Philosophy and Public Affairs*, Vol. 32, No. 1, 2004.

Fuchs, S. , *The Professional Quest for Truth: A Social Theory of Science and Knowledge*, State University of New York Press, 1992.

Fusar-Poli, P. , & Stanghellini, G. , "Maurice Merleau-Ponty and the "Embodied Subjectivity", *Medical Anthropology Quarterly*, Vol. 23, No. 2, 2009.

Galison, P. , *Image and Logic: A Material Culture of Microphysics*, Chicago: The University of Chicago Press, 1997.

Garfinkel, H. , "Ethnomethodology Program", *Social Psychology Quarterly*, Vol. 59, No. 1, 1996.

Garfinkel, H. , "Evidence for Locally Produced", *Sociological Theory*, Vol. 6, No. 1, 1988.

Gibson, W. , *All Tomorrow's Parties*, New York: Berkley, 1999.

Gieryn, T. F. , "Three Truth-sports", *Journal of History of the Behavioral Sciences*, Vol. 38, No. 2, 2002.

Gleick, J. Genius, *The Life and Science of Richard Feynman*, Pantheon Books, 1992.

Hacking, I. , "Wittgenstein Rules", *Social Studies of Science*, Vol. 14, No. 3, 1984.

Hacking, I. , *Historical Ontology*, Cambridge, MA: Harvard University

Press, 2002.

Hacking, I., "Let's Not Talk About Objectivity", In F. Padovani (et al) (eds.), *Objectivity in Science*, Springer, 2015.

Hacking, I., *Representing and Intervening*, Cambridge University Press, 1983.

Hacking, I., *Scientific Reason*, Taiwan University Press, 2009.

Hacking, I., *The social construction of what?*, Cambridge: Harvard University Press, 2000.

Hadden, R. W. & Overington, M. A., "Ontological Porcupine: The Road to Hegemony and Back in Science Studies", *Perspectives on Science*, Vol. 4, No. 1, 1996.

Haraway, D., "A Cyborg Manifesto: Science, Technology, and Socialist-Feminism in the Late Twentieth Century", *Simians, Cyborgs and Women: The Reinvention of Nature*, New York: Routledge, 1991.

Haraway, D., *How Like A Leaf*, New York: Routledge, 2000.

Haraway, D., *Simians, Cyborgs, and Women: The Reinvention of Name*, New York: Routledge, 1991.

Harding, S., *Science is Good is "good to think with" in Science Wars*, Andrew Ross, Editor, Duke University Press, 1996.

Harding, S., *Sciences from Below: Feminisms, Postcolonialities and Modernities*, Durham, NC: Duke University Press, 2008.

Haugeland, J. & Rouse, J., *Dasein Disclosed: John Haugeland's Heidegger*, Harvard University Press, 2013.

Hayles, N. K., *How We Became Posthuman: Virtual Bodies in Cybernetics, Literature, and Informatics*, University of Chicago Press, 1999.

Hennion, A. and Latour, B., "How to Make Mistakes on So Many Things at Once-and Become Famous for It", In H. Gumbrecht and M. Marrinan (eds.), *Mapping Benjamin: The Work of Art in the Digital Age*, Stanford, CA: Stanford University Press, 2003.

Henrion, C., "The Quest for Certain and Eternal Knowledge", In Henrion C., *Women in Mathematics: The Addition of Difference*, Indiana University Press, 1997.

Hollis, M. , "The Social Destruction of Reality", In Martin Hollis and Steven Lukes (eds.), *Rationality and Relativism*, Blackwell Press, 1982.

Ihde, D. and Selinger, E. , *Chasing Technoscience*, Bloomington & Indianapolis: Indiana University Press, 2003.

Irvine, J. and Martin, R. , *Foresight in Science: Picking the Winners*, London: F. Pinter, 1984.

J. B. Giere, *Understanding Scientific Reasoning*, Harcourt, Brace, Jovanovich, 1997.

Jensen, C. P. , "Interview with Andrew Pickering", In Don Ihde and Evan Selinger (eds.), *Chasing Technoscience*, Indiana University Press, 2003.

Knorr-Cetina, K. D. & Mulkay, M. , "Introduction: Emerging Principles in Social Studies of Science", In Knorr-Cetina, K. D. & Mulkay, M. (eds.), *Science Observed: Perspectives on the Social Studies of Sciences*, London and Beverly Hills: SAGE Publications Ltd. , 1983.

Knorr-Cetina, K. , "How Superorganisms Change", *Social Studies of Science*, Vol. 25, No. 1, 1995.

Kohler, R. , "The Ph. D. Machine: Building on the Collegiate Base", *Isis*, Vol. 81, No. 4, 1990.

Kuhn, T. , *The Road since Structure*, University of Chicago Press, 2000.

Latour B. , "Can We Get Our Materialism Back, Please?", *Isis*, Vol. 98, 2007.

Latour, B. , "From the World of Science to the World of Research?", *Science*, *New Series*, Apr. 10, 1998.

Latour, B. , *Irreductions Part II of The Pasteurization of France*, Harvard University Press, 1988.

Latour, B. , *Pandora's Hope: Essays on the Reality of Science Studies*, Harvard University Press, 1999.

Latour, B. , *The Pasteurization of France*, Harvard University Press,

1988.

Latour, B. , *We Have Never Been Modern*, Harvard University Press, 1993.

Latour, B. , and Woolgar, S. , *Laboratory Life*, Princeton, NJ: Princeton University Press, 1979.

Latour, B. , *Science in Action: How to Follow Scientists and Engineers through Society*, Harvard University Press, 1987.

Law, J. and Hassard, J. , *Actor Network Theory and After*, Oxford: Blackwell, 1999.

Leplin, J. , "Representing and Intervening: Introductory Topics in the Philosophy of Natural Science by Ian Hacking", *Philosophy of Science*, Vol. 52, No. 2, 1985.

Longino, H. , *Science as Social Knowledge: Values and Objectivity in Scientific Inquiry*, Princeton: Princeton University Press, 1990.

Lynch, M. , "Extending Wittgenstein: The Pivotal Move from Epistemology to the Sociology of Science", In Andrew Pickering (eds.), *Science as Practice and Culture*, University of Chicago Press, 1992.

Lynch, M. , *Scientific Practice and Ordinary Action*, Cambridge University Press, 1993.

Lynch, M. , "From the 'Will to Theory' to the Discursive Collage: A Reply to Bloor's 'Left and Right Wittgensteinians'", In Pickering, A. (eds.), *Science as Practice and Culture*, Chicago: The University of Chicago Press, 1992.

M. J. Mulkay, "Some Suggestions for Sociological Research", *Science Studies*, No. 1, 1971.

M. J. Mullins, "The Development of A Scientific Specialty", *Minerva*, No. 10, 1972.

Mayo, D. , "The New Experimentalism", In *PSA: Proceedings of the Biennial Meeting of the Philosophy of Science Association*, 1994.

Medawar, P. , *The Strange Case of the Spotted Mice and Other Classic Essays on Science*, Oxford University Press, 1996.

Merra, N. , "The Epistemic Charity of the Social Constructivist Critics of Science and Why the Third World Should Refuse the Offer" , In Koertge, Noretta (ed.), *A House Built on Sand: Exposing Postmodernist Myth about Science*, New York Oxford, Oxford University Press, 2000.

Merton, R. K. , *The Sociology of Science*, University of Chicago Press, 1977.

Michel C. , "Some Elements of A Sociology of Translation: Domestication of the Scallops and the Fishermen of St Brieuc Bay", In John Law (ed.), *Power, Action and Belief*, London: Routledge & Kegan Paul, 1986.

Morrison, M. C. , *Experiment. Routledge Encyclopedia of Philosophy*, London and New York: Routledge, 1998.

Mulhall, S. , *Heidegger and Being and Time*, New York and London: Routledge, 2005.

Nanda, M. "The Epistemic Charity of the Social Constructivist Critics of Science and Why the Third World Should Refuse the Offer", In Koertge N. (ed.), *A House Built on Sand*, Oxford University Press, 2000.

Pels, D. , The Politics of SSK: Neutrality versus Commitment, *Social Studies of Science*, 1996.

Pickering, A. (ed.), *Science as Practice and Culture*, Chicago and London: the University of Chicago Press, 1992.

Pickering, A. , "On Becoming", In D. Idhe and E. Selinger (eds.), *Chasing Technoscience*, Bloomington & Indianapolis: Indiana University Press, 2003.

Pickering, A. , "Science as Alchemy", In J. Scott and D. Keates (eds.), *The Schools of Thought*, Princeton, NJ: Princeton University Press, 2001.

Pickering, A. and Guzik, K. , *The Mangle in Practice: Science, Technology and Becoming*, Durham and London: Duke University Press, 2008.

Pickering, A. , "Cybernetics and the Mangle: Ashby, Beer and Pask", *Social Studies of Science*, Vol. 32, No. 3, 2002.

Pickering, A. , *The Mangle of Practice: Time, Agency and Science*, Chicago: University of Chicago Press, 1995.

Pickering, A. , "The Politics of Theory", *Cultural Economy*, 2009.

Pickering, A. , "Time and a Theory of the Visible", *Human Studies*, Vol. 20, No. 3, 1997.

Pickering, P. , "Reading the Structure", *Perspectives on Science*, Vol. 9, No. 4, 2001.

Pickring, A. , "A Gallery of Monsters: Cybernetics and Self-Organization, 1940 - 1970", In Franchi Güzeldere, S. G. (eds.), *Mechanical Bodies, Computational Minds: Artificial Intelligence from Automata to Cyborgs*, Cambridge, MA: MIT Press, 2005.

Pickring, A. , "Cyborg History and the World War II Regime", *Jianghai Academic Journal*, No. 6, 2005.

Pickring, A. , *The Cybernetic Brain*, University of Chicago Press, 2011.

Reichenbach, H. , *Experience and Prediction*, The University of Chicago Press, 1938.

Reiner, R. and Pierson, R. , "Hacking's Experimental Realism: An Untenable Middle Ground", *Philosophy of Science*, Vol. 62, No. 1, Mar. , 1995.

Rheinberger H. J. , *Toward a History of Epistemic Things*, Stanford: Stanford University Press, 1997.

Rorty, R. , *The Consequences of Pragmatism*, Harvester Press, 1982.

Rouse, J. , *How Scientific Practices Matter*, Chicago: University of Chicago Press, 2002.

Rouse, J. , "Two Concepts of Objectivity", http: //jrouse. blogs. wesleyan. edu/static-page/work-in-progress/.

Safier, N. , "Global Knowledge on the Move", *Isis*, Vol. 101, No. 1, 2010.

Sankey, H. , *Scientific Realism: An Elaboration and A Defence. Knowledge and the World: Challenges Beyond the Science Wars*, Berlin: Springer Berlin Heidelberg, 2004.

Scheid, V. , "The Mangle of Practice and the Practice of Chinese Medicine: A Case Study from 19th Century China", In Andrew Pickering and Keith Guzik (eds.), *The Mangle In Practice*, Duke University Press, 2008.

Shapin, S. , "The Mind Is Its Own Place", *Sci. Context*, 1990.

Shapin, S. & Schaffer, S. , *Leviathan and the Air-Pump: Hobbes, Boyle, and the Experimental Life*, Princeton University Press, 1985.

Shapin, S. and Schaffer, S. , *Leviathan and the Air Pump. Princeton*, NJ: Princeton University Press, 1985.

Shapin, S. , "Phrenological Knowledge and the Social Structure of Early Nineteenth-Century Edinburgh", *Annals of Science*, No. 13, 1975.

Soler, L. (et al.) (ed.), *Science After the Practice Turn in the Philosophy, History, and Social Studies of Science*, Routledge, 2014.

T. J. Pinch, "Kuhn: The Conservative and Radical Interpretation", *Social Studies of Science*, No. 3, 1997.

Theodore, P. , *Trust in Numbers*, Princeton: Princeton University Press, 1995.

Weinberg, S. , *Facing up : Science and Its Cultural Adversaries*, Harvard University Press, 2001.

Whitehead, A. N. , *Immortality, in Whitehead: Science and Philosophy*, Philosophical Library, Inc. , 1948.

Whitley, "R. D. Black Boxism and the Sociology of Science", *Sociological Review Monograph*, No. 18, 1972.

Yearley, S. , "From One Dependency to Another: the Political Economy of Science Policy in the Irish Republic 1922 – 1990", *Science, Technology and Human Values*, No. 20, 1995.

Zammito, J. H. , *A Nice Derangement of Epistemes: Post-positivism in the Study of Science from Quine to Latour*, Chicago: the University of Chicago Press, 2004.

ZIMAN, J. M. , "Information, Communication, Knowledge", *Nature*, Vol. 224, 1969.

Zizek, S. , *On Belief*, London & NewYork : Routledge, 2001.

中文参考文献

成素梅:《试论哈金的实体实在论》,《科学技术与辩证法》2009 年第 1 期。

杜小真选编:《福柯集》,远东出版社 1998 年版。

张之沧:《当代实在论与反实在论之争》,南京师范大学出版社 2001 年版。

[奥] O. 图·纽拉特:《科学的世界观》,王玉北译,《哲学译丛》1994 年第 1 期。

[澳] J. 丹纳赫等:《理解福柯》,刘谨译,百花文艺出版社 2002 年版。

[比] 伊·普里戈金、[法] 伊·斯唐热:《从混沌到有序》,曾庆宏、沈小峰译,上海译文出版社 1987 年版。

[德] 埃德蒙德·胡塞尔:《欧洲科学危机和超验现象学》,张庆熊译,上海译文出版社 1988 年版。

[法] 米歇尔·福柯:《规训与惩罚》,刘北成、杨远婴译,生活·读书·新知三联书店 2007 年版。

[法] 莫里斯·梅洛－庞蒂:《知觉现象学》,姜志辉译,商务印书馆 2001 年版。

[法] 皮埃尔·布尔迪厄:《科学之科学与反观性》,陈圣生等译,广西师范大学出版社 2006 年版。

[加] 伊恩·哈金:《表征与干预:自然科学哲学主题导论》,王巍、孟强译,科学出版社 2011 年版。

[加] 伊恩·哈金:《驯服偶然》,刘钢译,中央编译出版社 2000 年版。

[美] 拉里·劳丹:《进步及其问题》,刘新民译,华夏出版社 1998 年版。

[美] 迈克尔·林奇:《科学实践与日常活动——常人方法论与对科学的社会研究》,邢冬梅译,苏州大学出版社 2010 年版。

[美] 乔治·萨顿:《科学的历史研究》,刘兵等译,上海交通大学出版社 2007 年版。

[美] 索卡尔等:《“索卡尔事件”与科学大战》,蔡仲等译,南京大

学出版社 2002 年版。

［美］托马斯·库恩：《科学革命的结构》，金吾伦、胡新和译，北京大学出版社 2003 年版。

［美］希拉·贾撒诺夫等编：《科学技术论手册》，盛晓明等译，北京理工大学出版社 2004 年版。

［美］约瑟夫·劳斯：《涉入科学：如何从哲学上理解科学实践》，戴建平译，苏州大学出版社 2010 年版。

［英］A. N. 怀特海：《过程与实在》，杨富斌译，中国城市出版社 2003 年版。

［英］A. N. 怀特海：《科学与近代世界》，何钦译，商务印书馆 1997 年版。

［英］A. N. 怀特海：《数学与善》，载邓东皋、孙小礼等编《数学与文化》，北京大学出版社 1990 年版。

［英］A. N. 怀特海：《思维方式》，黄龙保、芦晓华译，天津教育出版社 1989 年版。

［英］C. P. 斯诺：《两种文化》，陈克艰、秦小虎译，上海科学技术出版社 2003 年版。

［英］巴里·巴恩斯、大卫·布鲁尔、约翰·亨利：《科学知识：一种社会学的分析》，邢冬梅、蔡仲译，南京大学出版社 2004 年版。

［英］大卫·布鲁尔：《反拉图尔论》，张敦敏译，《世界哲学》2008 年第 3 期。

［英］大卫·布鲁尔：《知识和社会意象》，艾彦译，东方出版社 2001 年版。

［英］菲利普·基切尔：《科学、真理与民主》，胡志强、高懿等译，上海交通大学出版社 2015 年版。

［英］哈里·柯林斯：《改变秩序》，成素梅、张帆译，上海科技出版社 2007 年版。

［英］伊·拉卡托斯：《科学研究纲领方法论》，兰征译，上海译文出版社 2005 年版。

［英］伊姆雷·拉卡托斯、艾兰·马斯格雷夫：《批判与知识的增长》，周寄中译，华夏出版社 1987 年版。

后　　记

20 世纪 90 年代以来，STS 中“科学实践研究”登上了学术舞台，并随后展现出强大的学术生命力和社会影响力。然而，其发展过程也逐渐呈现出某些问题。

从理论视角来看，虽然 STS 中“科学实践研究”的共同特点是采用自然主义的研究途径，但从整体而言，各主要流派并未表现出紧密的逻辑关联。产生这一现象的主要原因有以下两点。第一，理论视角导致彼此理解的不充分性或误解，例如，拉图尔理论的背景是符号学与尼采哲学、皮克林则采用了美国的实用主义为其理论根基、哈拉维采用了怀特海过程哲学、海尔斯采用梅洛－庞蒂的具身性现象学、哈金采用福柯的历史本体论、劳斯采用库恩与海德格尔的解释学、林奇采用胡塞尔的现象学与伽芬克尔的常人方法论、道斯顿等人采用的法国巴什拉与岗桂莱姆的历史主义的科学哲学。第二，不同的学术背景，也导致他们研究对象的多样化。例如，拉图尔关注实验室中的生物学，皮克林与林奇关注于实验室的物理学，哈拉维关注于诸如灵长类这样的田野科学，海尔斯关注于人工智能，道斯顿等人关注“科学实践史”，劳斯关注对科学哲学的“实践重构”。由于当代科学技术复杂的特点，使得以其为对象的经验研究是一项耗时耗力的工作，再加上理论视角与研究对象的多元化，这就导致现有的 STS 中的“科学实践研究”在整体上显现出一种离散的状态。

正是基于上述理论问题，本书以拉图尔的“本体论对称性原则”为主线，对 20 世纪 90 年代以来 STS 中“实践转向”中各流派之间的关系进行逻辑重构。在此基础上，展现出一种“生成论”意义上 STS 的实践哲学。

这本书是我们长达十多年的集体讨论与研究的成果，具体分工如下：

第一、二、三、六、十四、十六、十七、十八章（蔡仲）

第四、五章（刘鹏、蔡仲）、第七章（肖雷波、蔡仲）

第八、九、十三、十五章（邢冬梅）

第十、十二章（黄秋霞、蔡仲）

第十一章（冉聃、蔡仲）